一位艺术家对组织因子抑制剂的描绘，这是一种会阻止血液凝固的分子。

NEO.LIFE

24 Visions
for the Future of
Our Species

关于
人类未来的
24 种畅想

[美]简·梅特卡夫
布赖恩·伯格斯坦
编著
杨秋菊 赵卿惠 褚 波
译

重庆大学出版社

图书在版编目（CIP）数据

关于人类未来的24种畅想 / (美) 简·梅特卡夫
(Jane Metcalfe), (美) 布赖恩·伯格斯坦
(Brian Bergstein) 编著；杨秋菊，赵卿惠，褚波译
. — 重庆：重庆大学出版社, 2024.4
书名原文: NEO.LIFE 24 Visions for the Future
of our Species
ISBN 978-7-5689-4376-5

Ⅰ. ①关… Ⅱ. ①简… ②布… ③杨… ④赵… ⑤褚
… Ⅲ. ①高技术 – 普及读物 Ⅳ. ① N49

中国国家版本馆CIP数据核字(2024)第052822号

关于人类未来的24种畅想

GUANYU RENLEI WEILAI DE 24 ZHONG CHANGXIANG

[美] 简·梅特卡夫　布赖恩·伯格斯坦　编著

杨秋菊　赵卿惠　褚波　译

责任编辑：王恩楠
责任校对：刘志刚
责任印制：张　策
装帧设计：鲁明静

重庆大学出版社出版发行
出版人：陈晓阳
社址：(401331) 重庆市沙坪坝区大学城西路21号
网址：http://www.cqup.com.cn
印刷：北京利丰雅高长城印刷有限公司

开本: 787mm×1092mm　1/16　印张: 9.75　字数: 194千
2024年4月第1版　2024年4月第1次印刷
ISBN 978-7-5689-4376-5　定价: 88.00元

目录

前　言

　　科技发展到今天，人类已经掌握了一些影响深远的技术，可以改变自身的演化进程，从而构建一个更好的世界。所以人类应该怎样利用这些陌生又神秘的力量呢？

　　这个问题引起了我们的兴趣。在这本书里，我们邀请了各个领域的工作者，包括科学家、艺术家、作家和企业家一起讨论：如果未来我们可以随意改变自己的DNA，甚至可以制造并操纵一些新的生物，"人类"的定义也由此变得模糊时，社会会变成什么样呢？大家就此发表了截然不同的看法。

　　目前，我们才刚踏上利用技术改变人类的旅程，尝试调节我们的繁衍和寿命、饮食和睡眠、生理和思想，等等。此时我们面临诸多选择，也可能走上不同的道路。不过我们相信，无论技术如何发展，人类的未来都是光明灿烂的。

　　这并非一个关乎人类发展的完美计划，而是聚焦于人们在关注前沿生物学时，期盼和担忧的一些问题，并就此展开讨论。我们会用文字、图片、故事和对话等形式邀请你一起来想象，未来到底会是什么样子。有的讨论会很有趣，有的讨论是对科技发展趋势的粗略预测，或者只是我们此刻的美好畅想。也许你不会完全同意我们说的，但没关系，我们的目的就是让更多的人参与思考。

　　你可能会感到疑惑，我们为什么要讨论这些听起来很遥远，甚至有些荒诞的问题，那是因为尽管我们已经加快了生物演化的进程，但文化发展得更快，也更有迹可循。那些人为的或自然发生的基因改变，都只是"可能会"改变人类的未来走向。但文化 —— 我们关于未来的想象、讲述的故事、面对不同技术的选择 —— 能决定未来到底会发生什么。

也就是说，未来到底是令人振奋的，还是令人安心的，或是令人生畏的，都取决于我们自己。想象力是人类最突出的特征之一，是上天赠予人类的独一无二的礼物，是所有其他动物 —— 包括曾游荡在这片广袤土地上的古老人类 —— 都不曾拥有的能力，我们可以利用它来创造新事物。

简·梅特卡夫（Jane Metcalfe）& 布赖恩·伯格斯坦（Brian Bergstein）

右页图：用 DNA 显微镜制作的 RNA 分子图谱，捕获了空间和遗传数据。

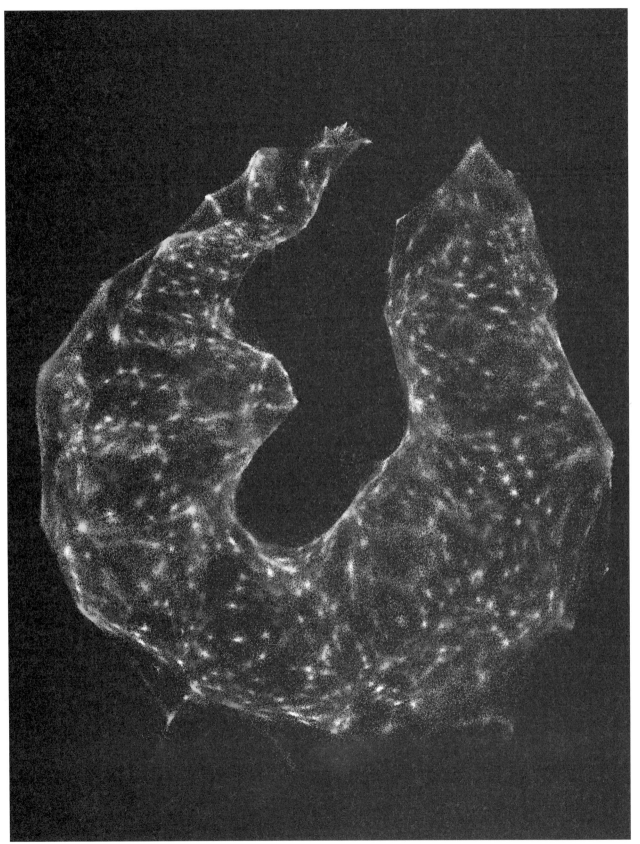

一份面向未来的宣言

文/简·梅特卡夫

2019 年 3 月，NEO.LIFE 公司在两天多的时间里邀请了一批生物学和其他领域的专家（详细名单参见致谢），包括科学家、作家、艺术家、工程师、企业家、风险投资顾问、科技政策学者、机器人专家，以及一位医生，并向他们提出一个问题：在生物技术快速发展，甚至颠覆人类以往经验的未来，可能会出现哪些情况？接着，我们又抛出一系列更深刻的问题：在这些可能里，哪些是值得我们为之努力的？我们在使用基因编辑技术、生物合成技术和其他生物新工具时又应该遵循怎样的价值观？

在主持人彼得·施瓦茨（Peter Schwartz）的倡导下，小组讨论了当今社会各个方向热点发展的主要趋势和影响力量 —— 从世界人口、财富、城市化到气候变化和民主治理的危机。小组中的一些人认为，经济和电子技术上的联系将使国际冲突不至于演变为战争；另一些人则认为，在许多发达社会中，由于缺乏意义和目标，人们会变得麻木且迟钝。

我们讨论了太空探索、人工智能、细胞农业、人造胚胎和人造子宫的前景，还探讨了生物技术发展中的风险和安全问题，如关注了基因技术和人体生物学领域的潜在的风险和滥用的可能性。

最后得出了什么结论呢？我们勾勒出一个未来的轮廓，这样的未来也许会让大众更乐见而非恐惧，这个轮廓包括以下几条原则：

1. 技术应该用于增加人类和其他物种的多样性，这样的未来才能证明我们实现了高度文明，也能带来更多可能性。
2. 一般来说，人们应该在充分了解所有选择之后，自主决定如何利用基因修饰技术。这可以帮助人们思考，对成人进行基因治疗和对胚胎进行基因编辑有何区别，也能回答"为什么生物技术不是一种优生学"这个问题。

3. 当进行以治疗疾病为目的的基因修饰时，我们也要预料到会有健康的人希望用同样的方式来增强自己的能力。所以，与其去界定"治疗"和"增强"的区别，不如思考我们治疗的结果是让患者恢复到常人水平，还是让他们拥有一些普通人不具备的能力。

4. 谦逊和谨慎都能降低发生意外的风险，这有利于科学技术的发展，也有利于人类的长期生存。比如说，在实验中，尽管我们都知道在生殖细胞中操作更容易成功，但依然会被要求先在体细胞中测试，再在生殖细胞中测试。我们还应该开发一些技术用于终止基因编辑作用的发挥，因为有时可能会出现意料之外的副作用。

5. 管理生物技术时也应该遵循一种底层逻辑。即生物技术本身并不是非黑即白的，也不是一成不变的，相反，它总是体现出生态系统的适应、反馈调节和协同合作的重要性。值得深思的是，我们在利用生物技术改变世界时，是否也能遵循这种逻辑呢？或者说，我们是否应该建立一个同样完善的监管体系呢？

也许我们需要一份关于人类未来的共同宣言。如果每个人都参与讨论，那将带来许多益处。上述几条原则只是抛砖引玉，目的是激发更多跨越学科、文化、地理和时空的思考与交流。

现在，请大家各抒己见吧。

"在很多生物伦理学的讨论中,人们总是认为'当你不确定这样做是否安全时,就不应该去做'。我认为这是前进过程中最危险的做法。要想最大限度规避风险,你真正需要做的是尽可能获取更多的信息,然后勇敢尝试。当然,尝试的结果可能是失败。"

—— 格雷戈里 · 斯托克(Gregory Stock)| 生物伦理学家

Gene	Genotype	Protective and other effects	Potential Negatives
LRP5	G171V/+		Low Buoyancy
MSTN	-/-		
SCN9A	-/-		reduced harm
FAAH-OUT	del/del		reduced harm
HSD17B13	+/TA or	...liver disease	
HOXA11		...ambulation ability	
ABCC11			
PRNP		...resistance	
IFNL4		...hepatitis	
CCR5x		HIV resistance	...limit bone
FUT2		Norovirus res...	
HBB	E6V/+	Malaria res...	...rhabdomyolysis
PKU	+/-	Ochratoxin res...	
CFTR	+/-	TB or other...	
HEXA	+/-	TB resistance	
APOL1	+/-	Trypanosoma brucei...	
PCSK9	-/-	Low coronary disease	Diabetes, Low cognition
GHR,GH		Low cancer, ...ure	
SLC30A8	-/+	Low...	
IFIH1 = MDA5	E627XA		
ANGPTL3	-/+		
BDKRB2	a/g		
PDE10A	c/t or		
EGLN1		High altitude	
EPAS1		High altitude	
MTHFR		High altitude	
EPOR		high...	
BHLHE41 = DEC2			
APOE	E...		
APP		...Alzheimer's	
GLUK4		...and high cogn...	

Transgenic & Knock-in...

Gene	Genotype	effects	Potential Negatives
SOST			
NPC1			
CTNNB1			
TERT	overprod.		
CDKN2A	over...		
TP53	overprod.		
GRIN2B	overprod.		
PDE4B	inhib.		
FOXP2	humanized		
CCR5	-/- & +/-	Enhanced...	Flavi- & Orthomyxo- viruses
NLGN3	R451C/Y	Enhanced spatial... (Autism)	

Cognition-related gene therapies

Gene	Genotype	effects
NGF	overprod.	(human) Low Alzheimer's
NEU1	overprod.	(mice) Low Alzheimer's
NGFR	overprod.	(mice) Low Alzheimer's

Courtesy of Marius Bugge

怎样把科幻小说变成科学事实？

乔治·丘奇（George Church）是美国哈佛医学院的遗传学家，但这个头衔完全不足以概括他的身份，因为他还是一名经验丰富的生物工程师，在 DNA 测序、基因编辑和干细胞改造技术等领域颇有建树。同时，他还提醒人们对这一切充满可能的生物技术保持谨慎，无论这些技术多么诱人。

拉米兹·纳姆（Ramez Naam）也是一样的履历丰富，他是美国奇点大学能源与环境专业的主任，还是一位优秀的作家，著有《超越人类：拥抱生物技术的前景》（ *More Than Human: Embracing the Promise of Biological Enhancement* ）、《无限资源：有限星球上思想的力量》（ *The Infinite Resource: The Power of Ideas on a Finite Planet* ）和科幻小说《纽带》（ *Nexus* ）三部曲。

当他们坐在一起，会产生怎样的思想碰撞呢？以下文字基于他们的对话整理而成。

纳姆：乔治，你似乎从不会像其他人一样下意识拒绝一些很超前的想法。2018 年，贺建奎对两名女孩的胚胎进行了基因编辑，让她们获得了抵抗艾滋病病毒的能力，当时引发了一系列舆论的谴责。你却表示："别急，让我们冷静一下，客观看待。"你是怎么保持这种思考方式的？

丘奇：也许这得益于我做过许多技术开发的工作，其中一些技术已经应用于临床实践，所以我也目睹了许多基因治疗成功和失败的案例。需要关注的是，这些基因改变的长期影响是什么？这些孩子真的会像最开始那批接受基因治疗的患者那样早逝吗？

我经历了很多技术更迭，有些变化非常迅速。在遗传学相关的讨论中，有人会认为："这些想法太激进了，简直不切实际，算了吧，不用把这当回事。"这种思维并不能帮我们应对突然的变化。例如，最初人类基因组的基因测序成本是 30 亿美元，而且只能测一部分基因，科学家估计要实现低成本的二倍体全基因组测序[1]需要 60 年的时间。结果呢？这个过程只用了 6~8 年。

你需要去思考和讨论各种可能性，哪怕它们最后并没有发生。但如果你从一开始就拒绝它们，那等到这些可能成为现实时，你已经错过了最好的时机，这才是最糟糕的。

纳姆： 你提到了可以用低成本进行高质量的全基因组测序，这意味着什么呢？

丘奇： 我们已经具备了对地球上所有人进行基因测序的物质条件，但受限于社会和市场，我们还不能马上实践。不过我认为只要时机合适，这种改变会随时发生。仅针对孟德尔遗传病进行检测，就可以节省数百亿美元的医疗费用。我们甚至不用探索复杂疾病的原理，也不用着眼于其他在人们看来遥不可及的技术，只要检测到孟德尔遗传病的致病基因，并诚实地告诉每个人，就可以惠及全世界的人，尤其是那些工业化国家。

纳姆： 孟德尔遗传病是指仅由一个基因改变引起的疾病吗？

丘奇： 准确地说，是一个或两个。这类疾病有时会很严重，但你可以通过基因检测发现。从传统治疗手段来看，它们也许是难以治愈的，但现在你只需要检测你的基因，就可以省去各种麻烦。在美国，这种检测技术已经被广泛用于婚前检查，因为它成本很低，而且无需获得美国食品药物监督管理局的许可。这是一种已经被证实的、成本最低的消除部分严重疾病的有效手段，尤其是对那些经济拮据的家庭来说。

纳姆： 只需要知道自己和伴侣的基因状况，就可以避免后代患上这种疾病吗？

丘奇： 是的，目前正是通过这种方式来规避风险的。但这个过程也可以在所有人都不知道自己是致病基因携带者的情况下完成，毕竟我们可能都携带了某种致病基因。在理想情况下，

---

1 一个二倍体基因组包括两个染色体组。早期的基因测序项目只能从多个单倍体序列中获取一个染色体组的复合基因组。

你只会得到一份特殊的名单，名单上记录了那些常出现在你周围，并且跟你在年龄、兴趣和基因上都特别匹配的人。这样一来，你就可以避免因为基因不匹配而跟心爱的人分开 —— 这样的悲剧会带来不必要的伤害。

纳姆：我在电影中看过类似的情节，但这种基因匹配服务似乎有点不近人情。我想，就算罗密欧和朱丽叶的基因互不匹配，他们也依然会选择在一起。

丘奇：你误会我的意思了，只要尽早让某个人知道他合适的对象有哪些，他就可以避免爱上那些跟他不匹配的人。当然，我们也不能做到100%避免，因为凡事总有意外。但这个误差可以控制在5%左右，影响不大。

纳姆：是的，我刚刚半开玩笑地举了这个例子，是因为社会在面临这些新技术时，总会更关心那些潜在的危害，而非关注好处，哪怕这些危害出现的概率很低。

丘奇：这不完全是坏事。就像我之前说的，我们要尽可能多地考虑可能出现的情况，哪怕有些顾虑最终没有发生，比如千年虫（一个令全世界人心惶惶，最终却没什么影响的计算机程序漏洞）。这总比事情发生了，而我们还没有做好准备要好。虽然总有些事物的发展超出我们的预料，但我依然认为多考虑下负面的情况有助于我们更理性地做出决策。

纳姆：你曾将中国那两个经过基因编辑的孩子与第一个通过体外受精技术出生的婴儿对比。在过去，我们常常把那些在体外受精的孩子称为"试管婴儿"。

丘奇：确实。

纳姆：那你认为二三十年或者更久以后，经过基因编辑的婴儿也会像现在的试管婴儿一样被大众接受吗？

丘奇：很有可能，但这不是唯一的可能。就像刚刚我们提到的有针对性的伴侣匹配，其实就在一定程度上解决了这样的问题。两个基因匹配的人不需要基因治疗，他们的孩子也不需要。不过，如果有人患有生殖障碍，并且不能通过体外受精解决。那就可以用基因编辑技术使他的生殖系统恢复正常功能，也许这样，人们就可以像接受试管婴儿一样接受基因编辑。

纳姆：那如果有人想在正常的基础上提高呢？比如，有人会说："我和我的伴侣都是超重人士，但我们希望拥有体重正常、身材匀称的孩子，我们可以进行基因编辑吗？"他们也许会说这只是为了降低孩子患糖尿病的风险，但其实他们是从审美上考虑。这是一种不必要的"增强"，但我想会有很多人有这样的念头，对吧？

丘奇：很有可能。但我认为，只有那些患有特殊疾病的人才有资格决定要不要对后代进行基因编辑，而那些家族中没有出现此类疾病的人，是没有资格做选择的。而且我认为不是每个人都觉得减少肥胖基因一定是"增强"，"增强"也不一定要通过改变基因来实现。目前，已经有许多工业化国家的人实现了一些类型的"增强"，比如，我们拥有了针对20多种传染病的疫苗。这对于我们的祖先来说，就是非常明显的"增强"，他们曾整日生活在对这些疾病的极度恐惧之中。不仅如此，我们还通过一些非生理层面的进步变得更强。我们的祖先在捕猎时，要想跑得更快，只能通过锻炼增强自己的肌肉。但现在我们可以驾驶汽车让自己移动得更快，这也是一种"增强"。

纳姆：而且汽车比人类快多了。

丘奇：谁说不是呢，更何况还有喷气式飞机和火箭。所以，在目前这个阶段，我们对身体上"增强"的需求已经没那么强烈了。虽然我们依然希望让自己"更强"，但更多的是靠外在的物理或化学工具。有一种奇怪的"例外论"——我们只能通过某一种方式获得增强。但其实我们可以在成年后获得各种"增强"，而不一定要在婴儿时期进行基因编辑。预防药物也是一种"增强"。

纳姆：我可以提供一种增强智力的办法：早点开始阅读，可以帮助大脑形成新的连接。

丘奇：完美的举例。

纳姆：但很少有人这么认为，因为大家已经对这样的行为习以为常了。你又是如何看待胚胎阶段的增强的呢？我们应该这样做吗？

丘奇：这不能一概而论。但我认为，这些增强治疗会先应用于成人。全球每年只有一亿婴儿出生，但地球上有几十亿成年人，后者的市场显然更大。此外，从技术上讲，在成年人身上应用这些技术会更容易。目前世界上的许多国家都存在人口老龄化的问题，基因增强也许可以用于消除衰老带来的负面影响，比如认知能力下降。这是很有可能出现的情况。尽管我们仍然认为智力的调控机制非常复杂，但已有研究表明，某几个基因可以让认知能力明显提高。这已经在一些动物身上验证过了。那些阿尔茨海默病患者及其潜在患者，很可能会最先接受这类基因治疗。这也是目前基因治疗研究的方向，致力于改善由阿尔茨海默病和其他原因引起的认知能力下降。如果一些人在认知能力没有下降的情况下接受治疗，也许会变得更聪明。

纳姆：如果许多人都变得更聪明，会给社会带来更多好处吗？

丘奇：这是个需要谨慎对待的问题，我们必须考虑到：我们保持了足够多类型的神经吗？自闭症在很长一段时间里都被认为是一种智力障碍，但事实恰恰相反，很多患有自闭症的人都拥有更大的潜能。他们可以通过与常人不同的方式服务社会，而这样的例子很可能也会出现在其他类型的神经上。

纳姆：说到这里，我记得你患有嗜睡症，对不对？

丘奇：是的，我不仅有嗜睡症，年轻时，我还患有阅读障碍。而现在，跟许多其他同事一样，我还有轻微的强迫症。

纳姆： 那你觉得自己的神经算是多元化的一种吗？

丘奇： 是的，我想我应该是人群中的少数。

纳姆： 那你认为，你的成功与你特别的神经类型有关吗？

丘奇： 直觉告诉我，是这样的，而且似乎只有好处。仅仅是与大部分人不同，就可以让你从人群中脱颖而出，因为你总会有富有创意和独到的见解。这正是现在社会需要的，也是我一直追求的。但如果我没有从事这个职业，没有生活在这个时代或地区，我可能会一贫如洗，甚至潦倒一生。

纳姆： 那我们能通过基因编辑让自己的思维变得特别吗？我曾读过的一篇研究报告提到，与智商高度相关的一对等位基因[1]与患精神分裂症的风险也相关。如果我想改变基因让自己更聪明，这会带来其他副作用，那我要如何抉择？作为一个成年人，社会应该允许我这样做吗？

丘奇： 社会能否允许你这样做，也许取决于这样做的意义是什么，会因此涌现一批更有才华的人吗？他们会写更多睿智的书，或是研究更多新技术吗？社会发展确实需要一些思维开阔的创新者，但也需要考虑提升智力的成本有多高。你会因此成为社会的负担吗？如果需要政府为你支付余生的医疗费用，政府也会慎重考虑这个决定。

社会也不希望基因增强导致你全身瘫痪或精神失常。而且这也会影响神经多样性。我认为能够自主控制自己的大脑比一劳永逸的基因增强更有意思。比如，当你需要社交时就"关闭"自己的自闭症状态或其他方面的障碍，而当你需要专注某件事时，就"开启"自闭症状态，让自己心无旁骛。

1　位于同源染色体的相同位置上控制着相同性状的一对基因。

纳姆： 在脑机接口的研究中，的确有人讨论过使用经颅磁刺激使大脑进入暂时的"专注状态"，不过我不确定这是否真的有效。

丘奇： 在我看来，这是一些异想天开的研究 —— 通过吃的、喝的，或戴在头上的某种仪器（不管其原理是红外线还是磁感应）来达到改变大脑的目的。我们谈论的基因治疗，应当建立在我们已经基本了解了整个生物图谱的基础上。相比之下，头戴仪器等捷径和简便疗法都显得十分小儿科。

纳姆： 你提到的生物图谱应该远不止当今人类的基因，还有其他物种的基因，甚至我们尚未发现的基因，这个范畴也许比我们目前了解的大得多。

丘奇： 是的，我们需要非常认真地对待这种可能性。

纳姆： 你曾说过，人类在太空的未来取决于基因编辑的能力。

丘奇： 这就不同于我们刚刚提到的"增强"了。在太空中，如果航天员由于长时间处在强辐射和低重力环境下而患病，那基因编辑将成为一种紧急治疗手段，这更容易被大众接受。事实上，我们在现代城市里已经遇到了一些人类祖先不曾经历的困境。那么，在太空探索中，我们也很可能遇到现在难以想象的挑战。

纳姆： 那我们应该怎样改造自己以适应太空的生活呢？

丘奇： 抗辐射能力可能是首先被考虑的问题。有一些生物具备出色的抗辐射能力，或许我们可以借鉴一下，用于改造人类细胞。其次，骨质疏松和体液分布也是问题。目前的一些治疗手段在地球上奏效，但在太空中未必。但我认为我们对生理学已经有了足够的了解，或者说，我们可以利用已知的情况，来尝试解决这两个问题以及其他问题。另外，我们体内的微生物群可能也会发生改变。在飞船这样的狭小空间内生活，对人类的神经行为方面有什么影响也有待研究。

纳姆： 改变我们的大脑，以适应狭窄的宇宙飞船或火星殖民地上的生活 —— 这意味着会发生哪些改变呢？

丘奇： 很遗憾，我认为我们还没获知所有的基因。已经有许多动物研究表明，一些基因与长寿和逆转衰老相关，其中一部分基因还是相互关联地。同样的，也有实验证实，有一系列基因同时与认知和焦虑相关。哪怕一两个基因也会带来巨大的影响，更何况有成千上万与之相关的基因。在合成生物学中，研究者不能局限于自然种群中特定的某一基因以及它的等位基因。

比如骨质疏松症就与形成和分解骨骼的成骨细胞有关，这又涉及与钙、新陈代谢和维生素D 相关的基因。不过，这个过程已经基本被我们掌握了，所以只需要少量的实验就可以解决这个问题。至于体液分布，我暂时还不了解，但我确信这不是什么难题。

纳姆： 你刚刚提到了长寿，我们怎样通过基因来影响人类的寿命和健康呢？

丘奇： 年轻细胞的显著特征是它们可以进行快速修复。在佩德罗·德·马加莱斯（Pedro de Magalhães）的基因库 [1] 中，有 300 多个与衰老有关的基因有待研究。在研究基因治疗的过程中，我们也研究了不少这个基因库中的基因，结果显示这部分基因对年老的动物及人类都有影响。在工业化国家，大概 90% 的人都死于衰老带来的疾病，而这些疾病对年轻人并没有致命影响。如果你接受了一些缓解衰老的基因治疗后，发现身体各方面都有好转，那就说明这些治疗是真实有效的，而非简单缓解衰老症状。我们已经知道了导致衰老的 9 种原因 [2]，也许这 9 种原因的核心只是少数几个基因。所以，只需要让你的细胞觉得它依然是年轻的、修复力旺盛的，那衰老问题就会迎刃而解。

1　佩德罗·德·马加莱斯是英国利物浦大学的研究员，主持了一个名为"人类衰老基因组资源"的研究项目，项目包括一个叫作 GenAge 的基因数据库，数据库中包含了已知的在衰老过程中发挥作用的所有基因。

2　2013 年，《细胞》杂志上发表的一篇论文称，"9 个衰老的标志"是"基因组不稳定、端粒磨损、表观遗传改变、蛋白稳态失衡、营养感测失调、线粒体功能障碍、细胞衰老、干细胞衰竭和细胞间通讯改变"。

纳姆： 还有个问题，你最近发表言论说"人类的大脑可能并不是最理想的大小"，关于这个你可以详细说说吗？

丘奇： 其实，不管是我们的身体还是其他生物，甚至整个生态系统，都不是完美的。进化论告诉我们，生物可以不断"优化"。从进化层面来说，一切的演化都是为了更好地繁衍。但现在我们有了更高的追求。在过去，食物是一种稀缺资源，身体必须对能量精打细算。因此，身体不会花费能量在修复衰老细胞上，尤其是个体已经完成了繁衍的使命后。但我们可以重塑这个能量分配系统。所以现在，我可以回答你的疑问了。如果真的开始对成人进行"增强改造"，那我可能会希望大脑体积的可塑性更高。当然这并不是说我们一定需要一个很大或很小的大脑，而是在不同的发展阶段，大脑的体积可以变化，以满足我们不同的需求。就像曾经有段时间我们会制造巨大的计算机，但现在我们更喜欢小一点的。不过在发展过程中，我们并不能预料一切，只能结合实际考虑。简单来说，我认为没有标准大小的大脑，因为这取决于我们希望大脑有什么功能。

纳姆： 如果能为你的大脑增加新功能，你希望是关于哪方面的？

丘奇： 有些人会把消除睡眠当作人类演化的目标之一，但在我看来这并不必要。我感兴趣的是如何扩大记忆的容量。就像计算机一样，不管是存得多还是存得快，都非常有好处。

纳姆： 比如，一次性记住更多概念？

丘奇： 是的。现在，我们在二维中看到的一切图像，都可以转化为三维立体图形。我们甚至能在数学概念中讨论四维，但如果可以更深刻地感受这些抽象概念呢？这是件很有趣的事情。我们总是谈论意识，不同层次的意识。睡觉时，我们总是处于半无意识的状态，就算消除睡眠也仅仅是恢复正常状态，难道没有更好的提升生命体验的办法吗？很有效的一种做法是关心他人：如果能够为陌生人提供安全保障，帮助他们变得更好，那是一件很棒的事情。

类似的例子还可以举很多。我敢肯定，如果你让世界各地许多有创造力的人思考这个问题，他们会提出很酷的想法，还能指出这些很酷的想法有什么问题，以及如何解决这些问题，等等。这就是为什么我们需要一种科幻文化，以及一种将科幻变成科学事实的文化。

　　纳姆： 说到这个，我听说你曾建议构建一些生物机器，代替我们去探索遥远的太空，提前探测外太空是否适合人类生存。

　　丘奇： 没错。但现在要让一般尺寸的电子探测器以相对论性速度[1]运行非常困难。如果我们以目前的火箭速度前进，即使在引力的帮助下，也需要数千年的时间才能到达太阳系外的某个目的地。所以，必须想一个策略让我们可以尽可能地接近光速。我们能否以光本身作为动力呢？如果宇宙的另一端有一台 3D 打印机，原则上，我们可以向它传输一些东西，然后打印出来。虽然我们离复制自己还有一段距离。但首要问题是，你如何在另一端放置一台 3D 打印机呢？在发现宇宙中存在其他"人"之前，我们得想办法靠自己把打印机放在那里。

　　在接近光速的情况下，我们能运送的最小的包裹有多大？这就不得不提到"突破摄星"计划：让 1 克重的纳米飞行器飞越太阳系。我想一次飞行并不会带来突破性的发现，我们真正想要实现的是着陆。而且 1 克还不够小，我们想要发射的探测器质量比这小得多。因为 1 克物质以相对论性速度撞击大气层时，会产生相当于原子弹爆炸的反应。但根据计算，1 纳克的物质可以很容易实现高速飞行，甚至还能在终点减速。

　　当然，这非常具有挑战性，1 纳克大约是一个真核细胞的质量。但哪怕是一个真核细胞也可以包含足够的信息来创造一个非常复杂的机体，或者一群个体。只要在细胞中编码了足够多的信息，它们就可以创造一个光源，形成一条光线通路。然后我们就可以开始以光速传递物质。更准确地说，不是物质，而是信息。

1　爱因斯坦告诉我们相对论总是适用的。在这里，丘奇谈论的是接近光速的情况。

纳姆：我喜欢这个构想。我们把一个细胞发送到一个遥远的世界，让它在那里完成复制并建立发射站和计算机系统，以此作为我们构建新世界的第一步。

　　丘奇：是的，我想这是我们能在最高速度下发射的最小物质单位。也许这个构想很快就能实现。

抗体

Anti-Bodies

PROBABILITY

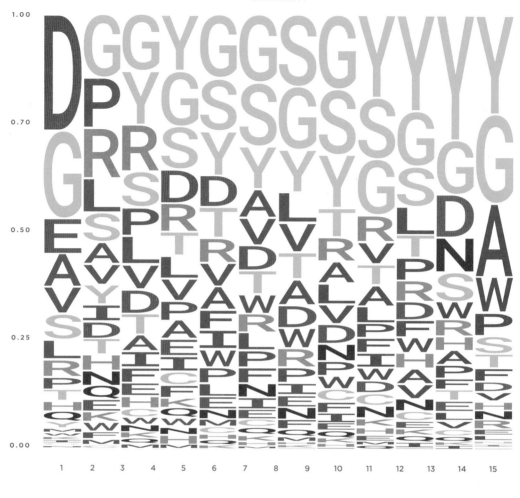

抗体

　　林恩·赫什曼·利森（Lynn Hershman Leeson）是美国旧金山的一位艺术家和电影制作人，在过去 50 年里，她一直走在使用数码技术和生物技术的前沿。她支持技术民主化，也鼓励我们思考未来技术会如何影响人类。赫什曼·利森是一位激进的女权主义者，喜欢开一些狡猾的玩笑。她擅长用一些不合常理的方式推动新技术，尽管有时她采取的方式会招致不满。在这个生物工程快速发展、监控无处不在和各种歧视根植人心的时代，她致力于身份认同的研究。

　　这几页展示的成果能让人直观地感受到我们与生俱来的创造力。这是与瑞士大型制药公司诺华公司合作的成果，赫什曼·利森还举办了一场名为"抗体"（Anti-Bodies）的展览向大家介绍这项研究。研究人员研发了两种抗体，一种以赫什曼·利森的名字命名，另一种叫作 ERTA，后者灵感源于赫什曼·利森作品中的虚构人物罗伯塔·布雷莫尔（Roberta Breitmore），这个角色经常出现在她的作品中。

　　生物体中组成蛋白质的氨基酸有 22 种，DNA 负责告诉细胞需要用哪些氨基酸合成哪种蛋白质。而这两种抗体中含有的氨基酸种类都正好对应了林恩·赫什曼·利森名字的英文字母：L（亮氨酸）；Y（酪氨酸）；N（天冬酰胺）；H（组氨酸）；E（谷氨酸）；R（精氨酸）；S（丝氨酸）；H（组氨酸）；M（蛋氨酸）；A（丙氨酸）；N（天冬酰胺）。这种叫作"LYNNHERSHMAN"的抗体能够与多种蛋白质结合，这一点与这位社交达人艺术家保持高度一致；而另一种以虚构人物名字命名的抗体则不能与任何蛋白质结合。也就是说，这两种抗体都不具备实际应用价值。

　　第 24 页的图片展示了两个小瓶，一个包含了赫什曼·利森的作品档案，包括文档、照片和视频——全都储存在 DNA 中，这是 Twist Bioscience 合成生物公司的杰作。另一个小瓶里装着 LYNNHERSHMAN 抗体。两个小瓶放在一起，寓意着赫什曼·利森和她的作品都将永恒。她还希望在未来某一天，能通过技术恢复其中一个或两个所蕴藏的信息，不过目前还不具备这样的条件。

图注
P24 "8 号房间"包括：LYNNHERSHMAN、ERTA 抗体，DNA，镜盒和实验室门。由诺华和 HeK（House of Electronic Arts，一家致力于电子艺术的机构）合作完成，ZKM 博物馆收藏，2007—2018 年。
P26 在一篇关于该项研究的论文中，诺华的科学家解释了 LYNNHERSHMAN 抗体在自然界中存在的可能性，她名字的每个字母垂直对应了一列字母，不同的字母表示不同的氨基酸，字母的大小代表这种氨基酸出现在这个抗体序列的概率。字母越大，表示对应的这种氨基酸越可能出现在这个位置。
P28—29 林恩·赫什曼·利森本人与 LYNNHERSHMAN 抗体。

"我们并不想要一个完美的世界，因为如果我们试图建造这样一个世界，就意味着所有人都会变得千篇一律，但我们现在似乎已经有走向它的征兆了。"

—— 露西 · 麦克雷（Lucy Mcrea）| 艺术家

植物学家拯救世界

Botanists Could Save Us All

植物学家拯救世界

    妮古拉·帕特伦（Nicola Patron）在厄勒姆研究所领导一个合成生物学研究小组，这是英国诺维奇市的一个生命科学研究中心。帕特伦的实验室正在研究光合生物，这些靠光生活的生物可以高效低成本地生产一些在医学和农业等领域有着重要作用的珍稀物质。她的团队还在研究怎样用更低的成本、更少的农药生产更高品质的粮食作物。

    "植物学家"这个词总是让人想起在茂密的热带雨林中穿行的场景，但这并不是我的工作内容。我的研究是植物学和工程学的交叉领域，主要集中在人类健康和营养方面。植物学家并不只是跟种子打交道，他们还负责用沾满泥土的手构建人类的未来。

    不只是对我们知之甚少的大众，甚至一些备受尊敬的科学家也会忽视我们的工作。几年前，我参与了一个项目，关于 DNA 数据库、生物样本库等大型生物资源如何促进变革性研究。但在研究中，一位著名的临床医生表示很疑惑，项目组织者为什么会邀请我这样一位植物学家参与。我解释说，研究植物的组织、种子和 DNA 序列，对于了解、提高作物的产量和营养价值很有必要。在导致 5 岁以下儿童夭折的因素中，营养不良占 45%。这位医生表示他从未想到植物学或植物学家能发挥这样的作用。

    诺贝尔奖中并没有植物学奖项。诺曼·博洛格（Norman Borlaug）通过技术提高作物产量，挽救了 10 亿人的生命。1970 年，他被授予诺贝尔和平奖。这很好理解，因为粮食短缺时，食物价格飙升，整个社会都会受到影响。

    自从博洛格的绿色革命以来，世界人口增加了大约 50 亿。而到 2050 年，要想养活全世界的人，粮食产量还需要增加 40% ~ 70%。通过开垦更多土地实现粮食增产，无疑是一种短视的做法。我们需要保护好所有现存的森林、湿地、草原，以及还处于恢复中的土地。努力提高农业技术和减少食物浪费也很有必要，但这还不足以缓解粮食压力。

同时，对于发达国家来说，用新技术生产的"替代食物"也许会激起新一轮美食风潮。但对于那些粮食安全还没得到基本保障的地区来说，这些新型食品就过于昂贵了。为了获得更健康的食物，恢复使用较为原始的、产量较低的作物品种和种植方式是不现实的，而改造世界所有农场，使它们达到现在的有机标准，将需要比现在多得多的土地——在现有基础上增加40%～100%——才能养活目前全世界的人。显然，要想兼顾粮食安全和可持续农业，就必须提高人们对农作物进行遗传改良的能力。幸运的是，我们正在用更高效和更准确的方法研究解决方案。

植物并不是毫无防备的生物体，也并非只会顺从地从土壤中吸收养分和二氧化碳，直到被恶劣的天气、食草动物或收割机摧毁。相反，它们会广泛部署"化学武器库"来应对天敌、恶劣的天气，甚至是整个器官的缺失。在学校里，学生会学习光对植物的影响，他们可以观察到植物的向光性，也许还能想象植物是如何利用光合作用储存能量，为黑夜做准备的。但他们不知道的是，植物还会改变数千个基因的表达，以实现即时并持续地应对诸如营养不足、病原体感染等问题。例如，当环境中缺乏氮元素时，植物会调整一系列基因的表达，包括植物的高度、根系的分支、生长的速度和开花的时间等。新的计算机技术正在帮助科学家分析，这些改变是如何协调发生的。同时，我们在精准改造 DNA 的技术上也取得了重大进展。虽然在以前，我们就已经实现了在 DNA 中插入新基因的操作，但那时还只能随机插入。而现在，借助 CRISPR 这样的分子工具，我们可以在 DNA 中的特定位置删除、替换或插入新的基因序列。

现在，我们可以对特定 DNA 序列的功能进行检测，还能培育出不含外源基因，但更健康的植物。比如，某些经过改造的植物产生的碳水化合物不仅不会引起血糖飙升，还会对肠道中的微生物有好处。我的实验室正在研究某些 DNA 发生微小变化后，例如，单个碱基发生改变是如何改变植物对环境信号的反应的。接下来，我们计划设计一些对养分要求低且产量高的植物，这样即便是在缺乏养分的环境中，也能种植作物。其他一些小组则在识别与抗病能力有关的基因，并对它们进行改造，以抵御更多种类的病原体。这样一来，种植作物时就可以减少农药等化学药品的使用。

几千年来，人们一直在改变作物中基因的种类和组合。传统的育种和突变技术可能导致植物基因出现成千上万不可预测的改变，这意味着研究人员需要数年甚至数十年才能获得期望的基因。相比之下，现代生物技术能够打破不同植物间的壁垒，获得更多元的基因，并将各种优秀基因集于一身。

这些微小的变化就与自然发生的基因突变一样，而基因突变是导致物种多样性的根本原因，它对生物的生存和适应能力至关重要。事实上，我们人为设计的基因，也许原本就存在于地球上的某种植物细胞内。迄今为止，人类所面临的挑战依然是如何高效地识别有用的基因变异，并将它们培育成稳定的植物性状，既适合气候，能茁壮生长，又能快速收获，满足全世界人口的粮食需求。新一代的基因组学正在使这一点成为可能。

植物学家既可以是植物收藏家，也可以是伦理学家、遗传学家、生物化学家和分子生物学家，他们致力于创造更健康、对环境更友好的作物。

"回顾过去几千年的人类历史，我们总觉得自己是特别的一代。但科学告诉我们，一切都是特别的。这是一个悖论吗？也许并不，放弃对力量的幻想才是最有力量的行为。"

—— 埃利奥特·彼得（Eliot Peter）| 科幻作家

人与动物

Us and the Other Animals

人与动物

塞斯·班农（Seth Bannon）是 Fifty Years 风险投资公司的创始人之一，这家公司专注于解决重要问题的技术。该公司的名字源于 1931 年的一篇文章，温斯顿·丘吉尔（Winston Churchill）在这篇文章中预言了核能、基因工程、人造肉和其他新兴技术。

有些事情会以一种有趣的方式聚集起来。

一是细胞农业。目前，我们将动物作为工具，将植物蛋白转化为我们吃的肉、喝的牛奶，甚至是穿的衣服。但借助新技术，我们可以只通过细胞来制造这些东西。这样一来，我们在经济上，乃至整个社会对动物的依赖都会减少，甚至完全不需要它们。

二是我们更深刻地认识了动物。在关于动物认知的研究中有一个长期的趋势，就是我们了解得越多，就越意识到它们比我们以前想象的要聪明得多，它们往往有着更复杂的社会结构和更丰富的情感。

三是我们在试图构建新的智能。许多人相信，我们将会用硅来创造一种智能。在未来 50 ～ 100 年里，这可能会颠覆我们对智能的认知。我想这会让我们意识到，目前我们用单一类型的智商高低作为唯一依据，对不同种类的动物区别对待，这是不合理的。

最后，改造动物需要慎重考虑。如果设计生物的能力真的普及了，你可以想象一下，人们会做哪些奇怪的事情，比如让动物更聪明、更有同情心，或者别的什么。在传统的动物育种工程中，我们已经对动物进行了一定程度的改造。随着基因工程的发展，动物改造会更加迅速和大胆。

以上几点结合在一起，也许能从根本上界定人类和其他动物的关系。

"作为一个心智健全的成年人，如果你想改造自己，社会很难阻止你。所以，如果你想给自己加条尾巴，或拥有在黑暗中发光的能力，甚至改变自己的眼睛，随着新技术的出现，你很快将会梦想成真。而且，我不会阻止你。"

—— 安德鲁·赫塞尔（Andrew Hessel）| 基因组编写计划 GP-write 联合执行董事

在设计孩子时，
你需要考虑的 6 件事

Six Things to Think about When Designing Your Child

在设计孩子时，你需要考虑的 6 件事

丹尼·希利斯（Danny Hillis）是一位发明家和企业家，创立了一家名为"Thinking Machines"的超级计算机制造公司。不仅如此，他还创立了一个名为"Applied Minds"的技术研发智库，以及一家名为"Applied Invention"的创新技术公司，该公司主要从事农业、交通、制造业、能源、医药等领域的技术研发。除此之外，希利斯还是 Long Now 基金会的联合创始人之一。

首先祝贺你决定生育！这里有一份简略的指南，关于一些你在会见基因架构师之前就必须考虑的问题。如果你决定将自己与他人的遗传物质结合起来，设计一个共同的后代，那我们建议你与另一位参与者一起讨论这些问题。

每个人都希望自己的后代健康快乐，但怎样才是最好的选择呢？在设计你未来的后代时，请记住，你设计的不仅仅是一个单独的个体，还是社会中的一员。另外，你还得慎重考虑一下你的孩子和你以及你家人的关系。

以下是你应该最先考虑的问题。

体型：原则上，你可以为孩子选择从袖珍到巨人等各种体型，但从实际考虑，公共设施只适合大部分人，而特别高大或特别矮小的人都会面临一些不便。从经济层面考虑，那些只有普通人一半大小的人是最节约资源的。他们被称为"德米斯"（demis），因为他们消耗的资源通常不到普通人的 1/4，还可以住在层高更低的房屋中，乘坐座位更紧凑的交通工具。此外，较短的神经元可以让他们思考得更快。而体型较大的孩子，也就是"苏佩斯"（supers），也可能非常受欢迎，尤其是在一些重视运动能力的家庭中。然而，较大的体型也意味着需要更多的生存空间和资源。对于那些体型较小的父母来说，苏佩斯本身也是个挑战。总而言之，如果你居住在一个基础设施较老的城市，或者你本身就比较喜欢传统的生活方式，那一个体型适中的孩子依然是你最好的选择。

附属器官：如果一些父母仍然为孩子选择长着 5 根手指的常规手掌，那我们会建议再增加至少一种新器官。拥有一条像猴子那样的有抓握力的尾巴也许利弊参半，但多长几根手指或触手肯定没有坏处。研究表明，现在许多人都希望拥有类似的器官。

智力倾向：在替你的孩子选择智力类型时，你需要认真权衡一下。例如，每位父母都希望自己的孩子既擅长抽象思维，又具有高度的感官知觉，但问题在于，这两种特征很难同时存在。同理，感性和理性、自律和随性、专一和开放，也都很难统一。我们通常的建议是不要走向极端，而是保持中庸。虽然具备非典型思维的人的确更容易在科学、艺术、文学、音乐，甚至政治领域做出贡献，但这些人通常不是最快乐的。如果担心你的孩子会感到孤独，可以考虑克隆。

附件：我们一般不建议设计翅膀、獠牙、鹿角和象鼻等特殊器官。不仅如此，额外的眼睛、多余的内脏、更宽的视野和更广的听力范围，以及网络接口和记忆扩容功能，都需要慎重考虑。如果你生活在水里，那尾巴和鳍是必需的。鳃可以让你在水中呼吸，但不如增加肺活量有用，而且鳃很脆弱。另外，回声定位的能力也很受欢迎。不过，在增加身体附件时，必须考虑神经通路以及能量是否足够。你的基因架构师会帮你找到一个最合适的方案。

性别：选择性别可不是通常以为的选择第一、第二性征和性取向那么简单，是否选择与 Y 染色体组合只是个开始。你还能选择如何分配各种激素，以及它们随时间变化的规律，比如，性取向和性欲强弱可以每月发生一次周期变化。所以，好好思考一下怎样分配性激素吧。重要的是，性吸引力和性偏好应该是一致的。而且，不要低估了你刚刚设计的那些附肢或其他附件的魅力。

外貌：虽然外貌只是表面功夫，但现实是，许多父母对此做了大量的计划。幸运的是，在这个方面，你有充分的选择空间来展示你的创造力。

最重大的决定是为孩子选择一种经典的外形，还是增加一些不同寻常的外貌特征。很流行的做法是选择一种广受欢迎的外形，如精灵、王子或维纳斯的样子。除此之外，你还可以选择各种肤色，比如，彩虹色的皮肤就很酷。

不过，大多数父母坚持使用单一的肤色，再用皮毛、鳞片或羽毛来吸引眼球。但值得三思的是，这些额外的设计不利于身体散热，而且很难打理。也许条纹和斑点的皮肤图案更实用，但它们的形状无法精确把控。像变色龙那样可以随时改变自己的颜色怎么样？也许这会让你的孩子格外有魅力，但如何控制颜色的变化也是一个挑战。关于颜色，有一则很实用的经验是避开那些正流行的颜色，谁知道未来的流行趋势是什么呢？如果你的孩子发现同龄人的体色和身上的图案总是跟他"撞衫"，他又会有何感想？一般而言，选择一些经典色或很特别的颜色更不容易过时。当然，你得接受一个现实——无论你现在做何选择，大部分孩子成年后都想改变自己。

当然，这几条建议还只是个开始。基因架构师会给出更专业的建议，帮助你构建一个独特的个体，丰富人类社会。

记住：你的孩子是否获得幸福感很大程度上取决于他们与人交流合作的能力，以及是否为社会贡献自己的力量。

设计你的孩子也是设计社会的未来，所以，请一定三思而后行。

"我希望人类能够从'生活在地球上'过渡到'与地球生活在一起'。在我们能够轻易合成人类基因组时，人类和地球协同合作，蓬勃发展。"

—— 德鲁·恩迪（Drew Endy）| 合成生物学家

真正的人类多样性
即将成为现实，
我们准备好了吗

True Human Diversity Is Finally Possible.
Will We Be Ready

真正的人类多样性即将成为现实，我们准备好了吗

胡安·恩里克斯（Juan Enriquez）是 Excel Venture Management 公司的总经理，这家公司投资了一些生命科学的公司。恩里克斯写了 4 本书，最新一本叫作《自我进化：非自然选择和非随机突变是如何塑造地球生命的》（*Evolving Ourselves: How Unnatural Selection and Nonrandom Mutation Are Shaping Life on Earth*）。

尽管我们一直觉得人类是非常多元化的，但任何一个外星人来到地球上细究我们的分类系统时，大概都会觉得我们不可理喻。鸟类、蜜蜂、细菌和鱼都有很多物种和亚种，但人类却相差无几。人与人之间的差异只占了人类基因组的 0.1%。

这很奇怪，不是吗？自然选择倾向于更多类型的变异，因为不同的变异类型可以适应不同的环境和生态位。而对于一个物种来说，种内多样性保证了物种可以在不同环境下生存，有利于种群的长期发展，比如抵抗力更强的个体可以抵御疾病的影响，而适应力更强的个体可以应对气候变化。如果你只依赖某一种特定的物种，当环境发生变化时，这个物种的生存就会面临挑战，导致你陷入"马铃薯饥荒"（一场因为马铃薯感染细菌导致的大饥荒）。从这个角度来看，人类的多样性还远远不够。

几千年来，我们甚至没有经历过"多样期"。虽然曾经有 30 多种原始人类，但我们已经很久没有见过一些与众不同的人类走进我们的生活了。事实上，我们似乎并不喜欢人类变得"多样化"。仅仅是对胚胎做一些小改变就可能会引起大众的恐惧和反感。也许，我们未来将很不适应地和复活的原始人类生活在一起，你期待跟尼安德特人做邻居吗？

很快我们就要真的迎来人类多样化，注意，我说的不仅仅是现代智人。

太空旅行时代，以及未来可能的太空移民，可能会加快新物种的形成。人体进入太空后会加速衰老，几乎所有在太空中长期生活过的航天员都在视力、心脏、骨骼和大脑方面严重受损。所以如果要移民其他星球，那么我们不可避免地要重新设计人体，以适应高辐射、低重力等极端环境。这些经过改造的人类会是多样化的，因为他们需要适应不同星球上的各种环境，这将导致他们与当代人类之间的差距迅速拉大。

即使移民太空不会那么快实现，人类基因组也将通过其他方式走向多样化。随着越来越多可以治疗严重疾病的基因疗法出现，这些治疗手段中所使用的技术也会合法化，并逐渐普及。人们可以利用这些技术来设计自己的基因和器官，但不同国家和地区的管理政策不同，所以不同地区的人们也会差异化。

人造器官也可能导致人类多样化。人造四肢已经让一部分人获得了超乎常人的功能，还有些植入物会让人们拥有其他"超能力"，比如更敏锐的听觉或视觉。但注定只有少部分人能拥有这些能力，尤其是在设备昂贵，并且需要不断升级的情况下。

历史上那些与众不同的人往往命途多舛。几千年来，因为肤色、身高、眼睛形状的细微不同，人们"发明"出各种歧视和压迫。当人们意识到某个群体是不同时，就会不约而同地区别对待。

现在，人与人之间将产生更大的差距，比如，不同的寿命、身高和智力。鉴于以往我们对待那些"不同的人"的先例，是时候重新认识人类多样化的重要性，并思考如何对待不同类型的人。我们可能要仔细考虑应该怎样对待现在地球上那些不同智慧类型的生物，如猿猴、章鱼、海豚和鲸等。

我们怎样对待它们、与它们交流，或许也会影响我们如何应对人类的多样化。

"我们的目标是让更多人参与到关于前沿生物科技的讨论中，我们必须要让技术变得民主，让普通人也能接触到。这是一场促进社会变革的运动。"

—— 玛丽亚·查维斯（Maria Chaves）| 生物化学公司的执行董事

如何操纵记忆

How to Manipulate Memories

如何操纵记忆

史蒂夫·拉米雷斯（Steve Ramirez）可以清除小鼠脑中的特定记忆，还能激活遗忘的记忆，甚至植入虚假记忆。他还在研究一种方法用来增强或削弱记忆，可以用来强化那些积极的记忆或淡化消极的记忆。拉米雷斯是美国波士顿大学的教授，他在小鼠的神经元中加入了特殊的光敏蛋白，可以利用光脉冲来激活或关闭这些神经元。虽然这项技术并不一定会用于人类，但它揭示了记忆是如何工作的，这也许能为焦虑、创伤后应激障碍，甚至阿尔茨海默病的治疗提供辅助。

NEO.LIFE 的特约编辑布赖恩·伯格斯坦邀请拉米雷斯聊一下未来的人们会如何看待他们的过去。

你的工作有何意义？进展如何？

目前这个领域的研究方向是理解遍布整个大脑的记忆。

当我们修补记忆时，需要先找到大脑分区，然后找到储存这部分记忆的细胞。激活这些细胞就像触发了多米诺骨牌效应，比如当你走在街上，看到一个纸杯蛋糕，就想起来高中某次蛋糕义卖活动。记忆是相互关联的，当你开始回忆时，记忆细胞就会疯狂活跃起来。大脑中的各个分区会同时活跃，并开始有规律地交流。记忆包括视觉、声音、气味和情绪，不同类型的信息会被储存在不同的脑区。

借助目前正在开发的工具和技术，未来获得单一记忆的全脑图像并非难事。当前首要的问题——至少对我而言——是在未来 5 年或 10 年内，我们能绘制某一段或两段记忆的大脑活跃图像吗？如果它们一段是积极的，一段是消极的，又会如何相互作用呢？它们的活跃脑区有何不同？掌握了这些信息，我们就可以开始尝试动态地绘制出保持记忆的脑细胞是如何随着时间变化的。

这项研究需要在小鼠大脑内植入一种感受光线的装置，这种装置可以应用于人体吗？

大脑里没有痛觉感受器，所以小鼠不会觉得不适。但我们并不会把在小鼠身上应用的光感受器和显微镜植入人类的大脑，目前的研究还处于试验阶段，真正应用到人脑还需要更成熟的技术。在小鼠身上的研究，可能会让我们发现某些脑区是储存记忆的关键，或者某些脑区与阿尔茨海默病这样的疾病有关。然后，我们就可以寻找人类大脑有没有区域具有类似的功能，看看核磁共振能不能显示。有时，这个过程会反过来，比如，我们先在人类大脑发现了抑郁症与某些脑区功能失调有关，然后再建立一个动物模型，在动物大脑中模仿类似的过程，尝试找出这种疾病的形成机制。借此，我们就可以开发某些药物或新技术，用于修复患者的大脑。如果在小鼠身上奏效，那就可以考虑在人类身上试验。尽管我们已经确保这些药物对小鼠完全没有副作用，但要应用于人类大脑，依然还有很长的路要走。

未来我们有可能人为改变大脑对记忆的处理吗？比如，抑制悲伤的记忆，或强化美好的记忆？如果有天这种技术成为现实，我们应该这样做吗？

也许我们已经在这样做了。

你是谁？你喝咖啡前和喝咖啡后还是同一个人吗？早上 7 点的你和下午 4 点的你是同一个人吗？晚上 9 点喝完两杯啤酒后，你还是原来的你吗？不难发现，其实我们摄入的所有东西都在改变我们的个人特点，包括记忆。不仅如此，如果没有充足的睡眠和运动，记忆也会受到影响。

也许未来某一天，操纵记忆会变成普通诊所也能进行的常规操作。在我看来，要保证这种技术能够被合理利用，方法之一就是限制它只能作为临床治疗手段。你不能因为想消除一段痛苦的分手记忆就随意进行这种治疗，也许你只要多花两周就可以靠自己从痛苦的回忆中走出来。而对于那些创伤后应激障碍患者，这种治疗是有必要的，医生可以帮患者减少受到的创伤。同样地，我也不会因为一时激情就加强自己脑海中关于新英格兰爱国者橄榄球队赢得"超级碗"的那段记忆。虽然这听起来很有趣，但会带来一些尚不明确的副作用。不过这种方式可以用于治疗抑郁症，我们可以强化患者脑海中那些美好的记忆。这样也许可以避免滥用操纵记忆的技术。当然，这只是一种非常理想的情况，不过我认为这也是最稳妥的一种发展方向。

想抑制负面记忆和增强积极记忆都很好理解，但如果是人们普遍想升级记忆功能，我们又该如何看待？假设没有人想摆脱创伤记忆，而是都想让记忆过程变得更高效，提升自己的工作效率或迅速记住新朋友的名字。而你的研究可以满足他们的这种愿望，你会帮助他们吗？

我们都知道，健康的饮食、适当的锻炼和充足的睡眠能让人保持心情愉悦，也可以增强记忆功能。所有这些行为都可以影响你的大脑，如果我们能弄清楚它们是如何影响大脑的，就可以尝试模拟这个过程。比如，开发某种药物代替充足的睡眠或适当的锻炼等。我认为这是件很棒的事情。在过去的 200 年里，药物、食物和周围的一切共同发挥作用，让我们寿命得以延长几乎一倍。也许在未来 200 年，某些新技术能让我们的寿命再延长一倍呢？

最需要考虑的是，这些技术已经完全成熟了吗？会不会有副作用呢？只有已经完全掌握了它们的作用机制，我们才能应用于实际。但目前我们距离目标还有一段距离。你吃进去的任何药物都会影响你的大脑。比如，咖啡因会让一部分人保持更清醒的状态，但它并不会直接作用于大脑的某一部分。它可能会让你短暂兴奋，或让你情绪更积极，但也有负面作用——你可能会上瘾。当你想戒掉它时，会出现戒断反应，如偏头痛等。而操纵记忆带来的负面影响可能会更大。

如果军队因为知道后方医院可以抹除士兵那些痛苦的记忆，而让士兵们身处那些原本可以避免的险境，那这会不会成为一个新的道德难题？

这可能会有两种截然不同的答案。首先，我们不妨聊聊水，这是生物生存必不可少的物质之一。我们身体里有超过体重一半的水，而且还需要每天饮水。但这种可以滋养一切生命的物质也可以被用于酷刑。你看，水有时是危险的，但这不意味着我们要禁止水。同理，我们也不需要完全禁止新技术，而是要更谨慎地使用。

对于操纵记忆的技术，我们希望它只会带来好处。我们也希望几百年后的世界没有战争，最好的情况的是：没有人陷入痛苦。但假如痛苦难以避免，我希望能够利用操纵记忆的技术增加人们的幸福感，而不是抹去或美化他们痛苦的记忆。因为这样的人很可能会成为精神病患者。

所以，简单点说，你刚刚提到的情况的确是有可能的，一切事物都有两面性。但我们可以从过去的经验中学习如何避免这样的情况发生。

20 世纪 80 年代，在人类基因组计划开始时，人们议论纷纷："这意味着我们要开始对婴儿进行基因编辑了吗？这些经过基因编辑的孩子会成为统治者吗？所有孩子都会长着金色的头发吗？……"人类基因组计划开展了 40 年，这样的议论也持续了 40 年。尽管这些讨论并非逻辑严密，但至少让大众开始思索这些最前沿的问题。

理想情况下，这种社会和法律上的探讨就像汽车安全带一样可以为我们提供保障，以防止技术被滥用。我认为操纵记忆也是类似的例子。你肯定能想到无数种人们随意操纵记忆的场景，就像《盗梦空间》《黑镜》《全面回忆》等电影中的那样。但通过刚刚这样的讨论，我们至少可以获得一部分当代人的思想倾向和共识，关于"我们应该这样做吗？""谁赞成？""谁反对？"这样的问题。因此，四五十年后，当记忆的"基因组计划"完成时，我们就达成了基本的共识，以防止操纵记忆的技术被滥用。也许这个时间听起来太久了，但我们正在进行的是一项影响深远的研究，这正好给了我们足够长的时间来检验它。

你举了个有趣的例子，但与记忆相关的技术更让我害怕。从某种角度说，我们就是记忆本身，意识到记忆可以被改写会令人不安。我不知该如何应对这个问题，操纵记忆是不是相当于"改写"事实？

我不认为这是"改写"事实。在我看来，事实是一个简单存在的客观数据点，而记忆是对数据的处理。如果说有什么不同的话，那就是这是一种赋予我们"记忆自主权"的体现，承认我们的记忆的确是可塑的，而且比我们预期的可塑性更强。所以值得警示的是，我们不应该过于依赖目击证人。而振奋人心的是，我们发现了是什么让我们成为我们。

未来的大脑
需要一种新的社会

Future Brains Demand a New Kind of Society

未来的大脑需要一种新的社会

奥希罗诺亚·阿加比（Oshiorenoya Agabi）是美国加利福尼亚州伯克利初创公司 Koniku 的创始人兼首席执行官，这家公司正在开发一种基于活体神经元的芯片。它的第一款产品可以为机场"嗅出"爆炸品。"Koniku"在约鲁巴语中的意思是"不朽的"，阿加比在尼日利亚长大时学会了这种语言。

我研究的是神经技术，这将是人类历史上使用的最强大的技术。神经技术会带来一系列改变。最终，你可以用它来改变寿命的长短、改变人类可见光的波长范围，还可以增加或减少人体的感官，甚至从零开始设计或建立意识以及智慧——无论这对未来的人意味着什么。你可以结合多种知觉，并将它们传递给其他人，如果需要的话，你甚至可以将它们导入虚拟世界中。

但孤立地看待一项技术并将它与其他方面割裂开是不负责任的，这会打破原本的平衡。如果你有如此强大的技术，并且仅仅出于个人利益而推广它。那么，你将制造出一个最糟糕的人间炼狱。我们不能无所谓地说："试试这个玩具，去玩吧，用它来敛财。"

生物技术的使命之一就是把演化的主动权掌握在我们自己手上。到目前为止，演化都是偶然发生的。但我们现在有机会可以进行"智慧设计"，并将这个词贯彻到底。为什么我们不对社会进行彻底改造呢？

当有更多的人有计划地、主动地参与社会改造，就可以弥补一部分人因为恐惧而逃避带来的负面影响，社会也会变得更好。这是所有开创新社会的伟人都将经历的过程。现在我们应该讨论更多关于我们的金融体系和政治体系的事情，讨论怎样让社会变得更公平。我们应该更加有责任感，也许一家公司应该将一半的利润都用于资助科学教育。但我们也普遍存在"短视"的问题，也就是说我们不太关心后代的生存，也不关心其他物种的延续，更不关心地球。所有人都会说冠冕堂皇的话来伪装自己，却没有付诸实际行动。我不知道科学或技术是否会推动人们变得更好，但无论如何，变革终会发生。

要想将两个人的大脑连接起来，首要任务是解决同理心的问题。怎样才能让两个人完全信任和理解对方？很明显，语言是无法担此重任的，它把我们困在自己思想的监狱里，而无法完全理解对方。也许我们可以通过一种能快速"拷贝"数十亿个脑细胞的技术来克服这个问题，这必须是一种微创手术，以便随时进行。另外，我们还需要一种值得信赖的技术，用来处理另一个人的大脑输出的内容，并提供简洁而公正的分析。但这项技术不应该有中间商——"投机者"和"寻租者"，因为他们不能创造任何实际价值，只会追逐利益。在与大脑有关的行业中，应该避免这样的角色产生。这就是为什么我们需要新的经济体系来合理分配资源，控制我们的本能，变得不再那么自私。

我们发展神经技术的目标应该是通过神经与其他人实现信息共享，通过别人的眼睛看到不一样的世界，与他人同呼吸、共命运。在此基础上，人类将前所未有地从自身肉体和精神的禁锢中解放出来，有机会"站得更高""看得更远"。然后，我们就可以共同关注真正应该实现的目标——内外兼修，天人合一。

我相信这种想法一直伴随着人类——一直根植在人类思想中，让人不由自主地去思索。但直到现在，我们仍无法清楚地表达自己的思想，也无法完全理解其他人的。不过，现在我们有了科学工具。

如果能实现所有人的思想共通，那在此基础上可以实现各种设想，这简直难以想象，光是罗列出它们就需要一整本书。但我希望这一切不是由利益驱动的，而是基于人类天生的好奇心和想要了解自己、与他人一起生活的需要。

"我认为，我们才开始触及如何将冬眠策略应用于人类。"

—— 马特·安德鲁斯（Matt Andrews）| 睡眠研究员

被选择的孩子

The Children You Could Have Produced Instead

被选择的孩子

大卫·伊格曼（David Eagleman）是一位神经科学家，著有《隐藏的自我：大脑的秘密生命》（*Incognito: The Secret Lives of the Brain*）、《消失的物种》（*The Runaway Species*）等书。同时，他还是 NeoSensory 公司的联合创始人和首席执行官，这是一家开发可以拓展人类感官设备的初创公司。

假设你有 8 个冷冻胚胎。你可以使用基因测序来预测每个胚胎可能会患的疾病，然后选出其中患病风险最小的一个。这对你孩子的未来来说的确是个好消息，但我们的追求绝不仅于此，毕竟，基因检测技术也在与时俱进。你最喜欢哪个胚胎的瞳色？哪个胚胎的身高潜能最大？谁最有可能成为肌肉发达的运动员？几十年后，每个胚胎又会是什么样子？你选择的会是最受欢迎的那个吗？所有这些选择都给了我们前所未有的自主权，让我们可以决定未来的孩子会是什么样。

听起来还不错，但事实真的如此吗？抛开生物多样性会随着某些特征的胜出而消失的担忧，我想先探讨一下其他问题，例如，父母的心态会有什么样的变化。在过去，父母得到一个什么样的孩子完全是随机的，就像玩扑克牌一样，拿到什么牌就是什么牌。

但在不久的将来，许多父母将拥有"选牌"的权力。他们的大脑将面临人类繁殖过程中从未出现的诸多选择。怎样的孩子会被选中，然后出生呢？对于那些没有被选中的孩子来说，这样的选择公平吗？

因此，虽然选择胚胎似乎是降低后代疾病风险的有效措施，但它也在一定程度上改变了为人父母的心理状态。怎么理解呢？这可以用选择悖论来解释：你拥有的选择越多，反而越不满意。这已经在无数的经验中被验证了。想象一下，你走进一家售卖几十种口味的冰淇淋的店，然后选择了自己喜欢的口味，也许你觉得很满意——但研究表明，如果选择更少，或根本没有其他选择，你会更喜欢手中的冰淇淋。在关于电器、汽车和伴侣的研究中，也得到了同样的结论。

因此，从某种角度来说，胚胎的可选择性其实带来了一种新的遗憾：一种主动选择（我选择要 3 号胚胎）而非被动接受（恭喜你生了一个孩子）导致的失望。当你的孩子发脾气，躺在橱窗前耍赖不肯走时，你很可能会想：要是我选的是 4 号胚胎会怎么样？尽管我们都知道，其实 4 号胚胎也会有发脾气的时候，但大脑的这种假设依然让你忍不住好奇。

或者，你选了 5 号胚胎，因为它没有遗传疾病的风险——但后来却发现了一个当时没有检测出来的问题，而被你放弃的 2 号胚胎，其实能规避这种风险……你只是做了不同的选择而已——真的是这样吗？

为什么有更多的选择反而更容易后悔呢？这是因为大脑会预测、幻想各种有可能的情况。你很难掌控它，这是大脑的自主活动，甚至无需你的意识。大脑并不总是只处理现实存在的信息，它会不断地在"发生了什么"和"可能会发生什么"之间反复横跳。当它不断想象一些原本可能发生但实际没有发生的事情时，你就会忍不住将它们与现实对比，然后觉得"可惜"或"幸好"。这是大脑学习的一种方式，我们通过"可惜"与"幸好"这两种结果来修正自己对世界的认知，以便在下一次做出最优的选择。

在 20 世纪 50 年代，美国心理学家赫伯特·西蒙（Herbert Simon）指出，许多人扮演着"最大化者"（maximizer）的角色。也就是说，这部分人总是希望自己可以做出最好的选择。不幸的是，随着选项数量的增加，他们越来越难知道其实自己已经做了最好的选择。有理论认为，目前人们普遍感到焦虑的原因就是由于选择机会的增加，他们总是不满意自己过往的选择，无形中牺牲了当下的幸福。

而在繁衍后代这件事上，我们本来有一种无须选择的简单幸福。但现在，有越来越多的父母放弃了"听天由命"的随机性。当然，我们并不是说，不应该在我们的生活中建立更多的选择。不可否认，选择胚胎的确让我们的后代承担了更小的患病风险。但另一方面，当我们从前无法控制的事情突然变得可控时，就不得不为一个全新的情感世界做准备：一个更健康、美丽的孩子和一对总是感到悔恨的父母。

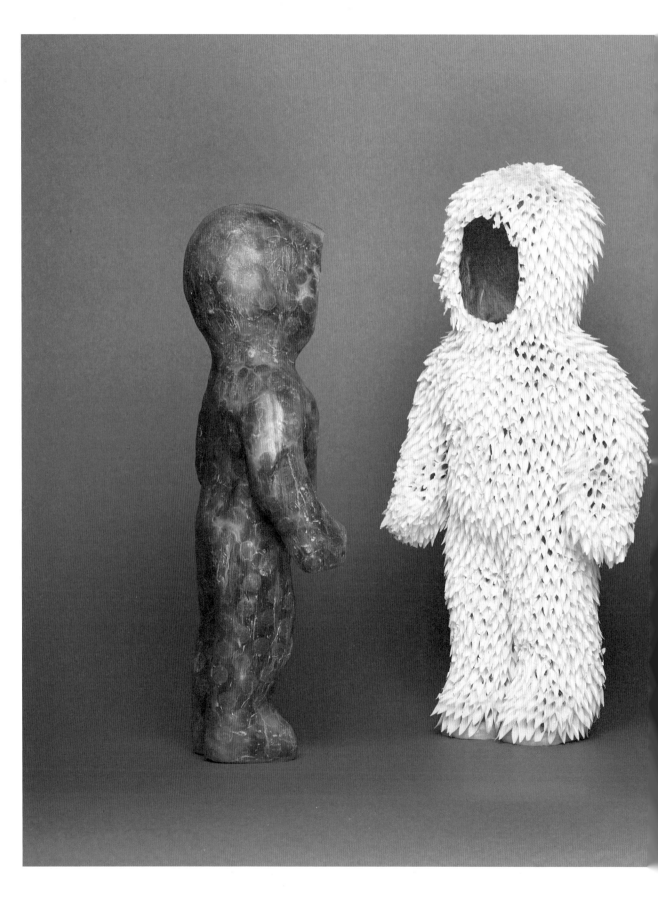

失常的、
疯狂的和美味的

Unhinged, Bonkers, and Delicious

失常的、疯狂的和美味的

扎里克·登费尔德（Zackery Denfeld）、凯瑟琳·克雷默（Cathrine Kramer）和艾玛·康利（Emma Conley）几位艺术家喜欢与科学家、厨师、生物黑客和农民合作，他们致力于构建一个使用"另类烹饪方式"的未来。在这样的理想情况下，食品生产会"更公正、更具生物多样性、更美好"。

我们在 2010 年成立了基因组美食中心，从进食者角度来记录人类食物系统的生物技术和生物多样性。一开始我们只是为了讽刺分子美食学，因为我们觉得这门新兴美食学过于关注烹饪过程中的化学反应，忽略了食物本身。我们想拉近人们与食物和环境之间的关系，新兴的饮食文化让我们逐渐忘记曾与它们紧密相连。

我们以食谱、美食、书籍、讲座和展览的形式来展示我们的研究。我们还在纽约、都柏林、帕纳吉和爱丁堡等城市推出了可折叠的特殊食品车，这是一种全新的装置，可以将生物、食物和人类连接起来。例如，我们推出的"气味合成器"可以模拟空气的气味——不同地区、不同时刻的空气有不一样的气味。而我们的"灭绝动物熟食店"则更奇妙，可以展示复活、饲养，甚至食用灭绝动物的新兴技术、风险和可能的后果。还有一种有趣的装置是"种子机"，它是世界上最慢的自动售货机，主要售卖各种种子和小袋的土壤。

我们设计这些食品车是想开启一场对话，一场关于人类想在食物和生产食物的系统中获得怎样的价值和属性的对话。这些食品车承载了我们关于未来食物的梦想，通过种植作物、品尝味道，我们希望可以激发人们对烹饪的热爱和对生态环境的重视。烹饪出既新奇又美味的食物很重要，味道对人类的演化起到了举足轻重的作用。有时，食物带来的乐趣超过了食物本身，享受简单的一日三餐，是人类最朴素的快乐之一。与人分享食物让我们彼此连接，感到舒适和愉快。

但抛开理想主义，我们需要谈一些不那么令人愉快的食物的未来。

那些给大城市提供食物的人造肉实验室、自动垂直农场和藻类培养罐看起来与美丽无关，体现不出生物多样性，它们产出的食品品尝起来也并不美味。这些生产过程都极大地加速和规

LONDON-STYLE
PEA-SOUPER SMOG

Soot
burning candle

Dust

Sulfur
match strike

NOx
copper penny in nitric acid

Hydrocarbons
glass dish with some diesel

-cook under black light-

范了食物的生产过程，也极大地缩小了气候和地理条件对作物的影响。但也意味着，未来每个人吃的食物都将由被统一规划的菜园、农场和超市提供，这不是什么好事。我们目前关于食物的梦想是基于我们当下种植和食用食物的方式，但未来充满难以预知的可能性，会比那些枯燥的科幻小说更不可思议，是墨守成规的美食家无法预料的。

吃一些不同寻常的食物是个不错的开始，也许它们能激发你的想象。在生命科学革命的早期，真理往往比小说更令人难以置信。通过与科学家、厨师、生物信息专家和农民合作，我们可以用转基因斑马鱼来制作"发光寿司"，将空气污染融入"雾霾蛋白霜"，用基因变异的水果制作一种我们称之为"钴60"的烧烤酱。当我们把这些食物给美食家品尝时，他们往往会感到不自在，然后开始尴尬地大笑。这样的反应让我们很高兴，因为笑是一个很好的信号，表明这与他们的预期不符，他们也不会再依赖于此前的评价标准，而是以一种全新的方式去思考美食。笑可以打开嘴巴，也能打开思想。基因组美食中心的各位成员很乐意同时扮演疯狂的科学家、异想天开的厨师和无厘头的骗子。

我们的工作即将进入一个新阶段，同时在极小和极大的尺度上开展研究。在 ArtMeatFlesh 烹饪节目中，我们使用了体外培养的肉类；在内生菌群收藏家俱乐部（Endophyte Club）中，我们分离了生活在植物内部的微生物，并试图创建一个基于生物农药的全新生态农业系统；在行星雕塑晚餐俱乐部（Planetary Sculpture Supper Club），我们制作的菜肴记录了地球是怎样随着人类的饮食习惯变化而变化的。人们的烹饪习惯（如石器时代的人们掌握了如何用火）和食物偏好（如坚果、牛奶成为许多人的日常食物）都会影响农业，甚至可以在短短几年内改变人们利用土地和水源的方式。如果我们想要通过改变饮食习惯来塑造地球，必须得慎重考虑。不幸的是，人类现在在预防和善后方面做得很不好，所以我们还在研究如何与地球和平共处，以抵挡越来越频繁的自然灾害，如森林火灾。

生物学领域正在开发的工具将使人们重塑各种规模的食品系统。但是，会是怎样的价值观、偏好和目的去驱动这个重塑过程呢？这并不像构想"未来城市"的蓝图那样一目了然。相反，我们设想的未来片段看起来就像一堆食谱卡片，需要被反复地试验、修改，然后才能组装成一本食谱。个人对未来的构想是片面的、零碎的，只有当各个行业、各个地区的所有人参与讨论，我们才能将未来的蓝图拼凑完整。

图注
P69 这种蛋白甜饼是由基因组美食中心的"气味合成器"制造的烟雾空气制成的。艺术家将各种化学物质混合在一起，然后暴露在紫外线下，最后得到的混合气体粗略地再现了 19 世纪和 20 世纪伦敦的空气。

下面这幅图是一张由"灭绝动物熟食店"提供的明信片，这个摊位可以引起人们对复活灭绝物种的讨论。游客可以写明信片寄给关注灭绝生物的科研工作者。

Courtesy of Pierre Grasset

复活壮丽的过去

Resurrecting the Sublime

复活壮丽的过去

一朵已经灭绝的花闻起来会是什么味道？这样的念头促使克里斯蒂娜·阿加帕基斯（Christina Agapakis）—— 一位分子生物学家和艺术家，把一份记载着116种已灭绝植物的清单带到了哈佛标本馆，寻找保存下来的标本。她最终找到了名单上的14种植物，并说服管理员让她从这些古老的标本上取出少量样本。参与了美国宾夕法尼亚州立大学的斯蒂芬·舒斯特（Stephan Schuster）所说的"博物馆组学"后，阿加帕基斯决定将这些样本运到加州大学圣克鲁兹分校的古基因组学实验室，以提取它们的DNA。

影响花香分子合成的酶的基因大约有1700个碱基对，但加州大学圣克鲁兹分校的科学家能够提取出的最长的DNA链只有大约50个碱基对。幸运的是，不同植物间的基因差异并不是很大。在阿加帕基斯担任创意总监的Gingko Bioworks合成生物学公司，有一位计算机生物学家，他通过对比其他植物的基因组，成功填补了这个基因的空白部分。

下一步就是把从各种植物基因中拼凑出来的DNA嵌入酿酒酵母中，并诱导它表达特殊的香味分子。西塞尔·托拉斯（Sissel Tolaas）是德国柏林的一位嗅觉艺术家，她致力于平衡各种气味分子，从而制造出与植物有关的味道。

概念艺术家亚历山德拉·黛西·金斯伯格（Alexandra Daisy Ginsberg）设计了一个沉浸式体验的艺术装置，通过玻璃橱窗、气味扩散器、动画和巨石来模拟户外风景。参观者走进装置，可以闻到一些原本已经消失的香味。这个装置曾在巴黎蓬皮杜中心和米兰三年展上展出。整个装置简直是艺术和科学的完美结合，它启发我们思考我们失去了什么，以及是否能找回它们，如果能的话，我们又要付出哪些努力。复活灭绝物种是乌托邦式的梦想吗？

阿加帕基斯说，这个项目可以提醒人们，技术并不只能用于榨取地球的价值，还可以用于复活和拯救其他生物。但她的合作伙伴金斯伯格却有些疑惑："当我们与自然世界的其他部分如此错综复杂地联系在一起，却无法真正激励自己去保护它时，为什么我们还要专注于创造新的生命形式，保护和延长人类的生命呢？"

HARVARD UNIVERSITY HERBARIA

Orbexilum stipulatum (T.

Grimes

<u>Orbexilum stipulatum</u> (T.

J. & C. Baskin, 11 Jan. 1

Courtesy of Vitra Design Museum, Bettina Matthiesen

P72 2019 年法国圣埃蒂安设计双年展上展出的"复活壮丽的过去"装置，包括气味、石灰石、动画和环境声音。

P75 这是一种已经灭绝的豆科植物，叫作"*Orbexilum stipulatum*"，人们最后一次看到活着的它是在美国肯塔基州路易维尔附近的洛克岛。这座岛后来被 20 世纪 20 年代建造的一座大坝淹没。

对页图为改进后的"复活壮丽的过去"装置，于 2019 年在维特拉设计博物馆画廊展出，装置中除了花岗岩和动画，还复刻了一种叫作"*Leucadendron grandiflorum*"的灭绝植物的气味。

本页图为利用数字技术模拟的 *Leucadendron grandiflorum* 在南非开普敦的温伯格山开放的场景，人们最后一次见到这种木百合属的植物是在 1806 年。

我的 CRISPR 安全清单

My CRISPR Safety Checklist

我的 CRISPR 安全清单

　　萨米拉·基亚尼（Samira Kiani）是一位遗传学家和合成生物学家，2020 年，她在美国匹兹堡大学开设了一个新的实验室。同时，她还是一部关于基因编辑的纪录片《人类游戏》（*The Human Game*）的制片人。以下文字基于布赖恩·伯格斯坦对她的采访加工整理而成。

　　我专注于开发一些控制基因治疗安全性的工具，基因治疗手段大部分都是基于 CRISPR 技术设计的。怎样才能真正让 CRISPR 技术变得安全和易于控制呢？我们正打算从不同的方面着手来解决这个问题。其中之一是修改 Cas9 蛋白，这样它就不会引起体内的免疫反应。我们正在开发一种"安全开关"，它可以在我们需要的时间、位置控制 Cas9 蛋白的活性。我们还在研究如何将 CRISPR 技术应用于表观遗传治疗，而不用通过基因编辑去永久改造 DNA。所有这些研究的核心都是：如何使 CRISPR 技术更安全，以便更快用于临床试验。

　　我们有道德责任不剥夺子孙后代使用这些技术的权利，但应该想出一些更有效的办法来控制风险。我希望最终能有足够的安全机制来帮助人们合理地使用 CRISPR 技术。尽管目前这在技术上还不可能实现，比如，我们还不能实时监控 DNA 的变化。从伦理学上讲，这也是很棘手的一个问题：那些接受了基因编辑的人肯定不希望自己被当成异类。但是，对于人类来说，了解哪些动物经过了基因编辑是有好处的。

　　在接受基因编辑后，如果发生不良反应，我们能不能"撤销"它呢？或阻止它继续发挥作用？或者只让它在我们想要的时间、位置——无论是在身体内部，还是世界上的某个特定位置——发挥作用。理想情况下，我们应该有充分的安全保障，就像每个家庭都会准备的医药箱那样令人安心。

　　这些都是我们期待的技术，一旦面世，它们将迅速普及。

　对页图为利用干细胞制造出的工程化人类肝组织，已经通过 CRISPR 技术实现了功能增强。

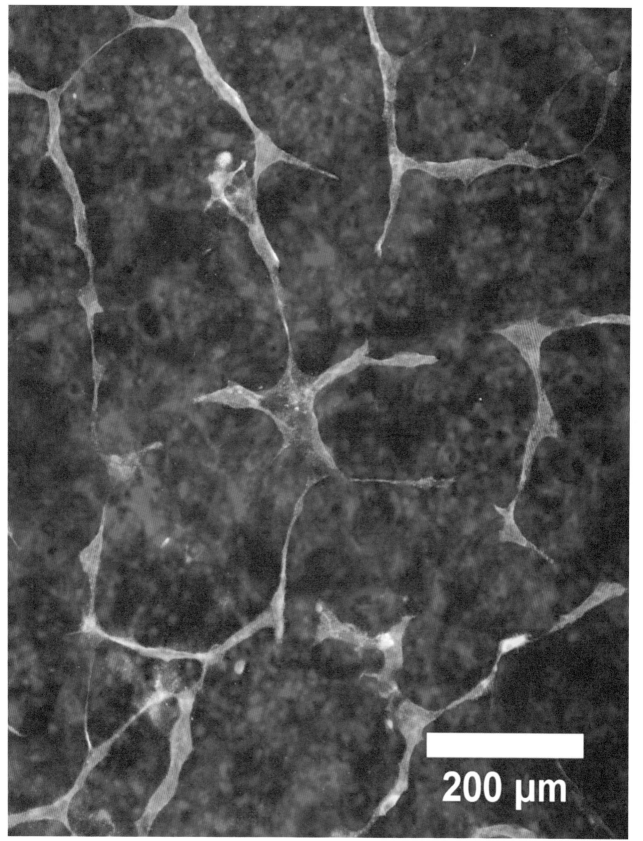

200 μm

Courtesy of Jeremy Velazquez. Collaboration between the Kiani Lab and the Ebrahimkhani Lab at Arizona State University

"当我们改变构成人类的基本组成部分时，我们也在改变人的本质。但我们不应该害怕会丧失人性，而应该把这看作是一份礼物，它给了我们自由设计人类遗传特征的机会。"

—— 黛西·罗宾顿（Daisy Robinton）| 分子生物学家

定制你的微生物组

Your Custom-Made Microbiome

定制你的微生物组

赵柏闻 17 岁时开始在中国深圳市华大基因研究院工作，这是全球最大的基因组测序公司。不久之后，他成了"人类认知能力的基因组学分析"科研项目的团队带头人。后来，为推动医疗及健康产业革新，他创办了北京量化健康科技有限公司，这是一家专注于个体微生物组领域的生物技术公司，提供基于微生态量化检测的个体化健康管理服务。以下为 NEO.LIFE 记者孙怡婷对他的采访。

您为什么不再研究"人类认知能力的基因组学分析"？

这个项目的初衷是探索基因组测序在应用上的边界，现如今，该项技术已经越来越便宜，所以我们想知道这项技术能带给普通消费者什么。那时，我完全没有意识到这一项目在道德领域所扮演的角色。

人类的认知能力是一个非常复杂的问题，为了弄清其遗传基础，我们需要研究至少 2000 例高智商个体的遗传变异。收集这些样本的成本已经超过了测序的实际成本，所以我们决定不再向这个项目投入更多的资源，尽管它还没有正式结束。其实，这个决定的背后有很多原因。毕竟，华大基因是一家企业，而这不是一家企业应该做的事情。

您为什么选择了个体化健康管理服务这个方向？

因为很长一段时间以来，基因组测序专注于确定事物的本质：它是什么物种，它的 DNA 序列是什么。显然，我在华大基因的工作就是围绕这一点展开的。

假设我有一个生物样本，我把它放进测序仪中进行分析测定。我会得到包含大量基因信息的数据文件，但最有价值的是哪部分呢？许多人会假设是那些序列携带的信息，但只有在研究单一物种时，这种假设才有可能正确。我们收集了大量的人类唾液样本，但我们最关注的只有人类基因组，完全没有考虑到除此之外的信息。

您如何通过分析个体微生物组进而改善人体健康呢？

目前，主要有以下三大应用场景：

第一个应用场景是诊断和预测许多慢性代谢疾病。

第二个应用场景是找出感染的原因。在许多情况下，今天的医生无法找到引起感染的特定微生物，即使他们能找到，结果也要过几天才能出来。到那时，为了挽救患者的生命，医生应该已经初步诊断并开具了抗生素的处方。如果一种不起作用，医生就会换另一种。这种抗生素的滥用增加了微生物产生耐药性的可能性。我相信我们可以在 24 小时内通过定量患者样本中的微生物 DNA 找到确切的病原体。

第三个应用场景是基于微生物代谢过程产生的化学物质创造一类新的药物。

但是，肯定存在其他的应用场景，只是我还没想到。

益生菌药丸和饮料显然不太有效，你希望开发出更有针对性的益生菌产品吗？

真正影响你健康的是整个微生物群，而不是特定种类的细菌。如果我体内只有一种益生菌，而其他细菌都死了，那我就真的病了。

为了解决这个问题，首先你需要弄清楚微生物组和人体之间的相互作用。这就是我们试图让我们正在建立的数据库起的作用。我们想要尽可能多地识别和培养寄生在体内和体表的微生物，而且我们想知道它们的功能。

许多医生都在进行粪便微生物移植 (FMT)，但在我看来，这就像在不知道血型是什么之前就输血一样。一旦我们有了数据库，我们就不再需要进行粪便微生物群移植了。我们可以做"人工微生物移植"。当数据库中有足够多的构成人体微生物群的活细菌时，我们就可以对细菌的比例进行个性化设置。这意味着我们可以合成世界上任何一个人的微生物群，即使是一个还不存在的微生物群。这就是今天的 FMT2.0。

"我认识的每一个黑客都做了大量的社团服务，但实际上，政府应该资助社团实验室，并规定参与其实验室建设是公民的义务。

—— 迪斯科伽喵 (Disco Gamma) | 生物黑客

用 DNA 改变教育

Shake Up Education Using DNA

用 DNA 改变教育

罗伯特·普罗明（Robert Plomin）是英国伦敦国王学院精神医学、心理学及神经科学研究院的教授，他因研究行为遗传学而闻名，即通过对双胞胎和被领养者等特殊亲属关系的研究，分析探讨遗传和环境如何塑造人类行为。他的最新著作《基因蓝图》（ *Blueprint: How DNA Makes Us Who We Are* ）就是基于该研究的重磅成果。

今天，DNA 革命（通过 DNA 序列的遗传差异预测个体行为和生理特征）正席卷整个医学领域，使医疗保健朝着预防而不是治疗的方向发展成为可能。也就是说，与其等到心脏病发作，不如从医学、经济、个人等多方面来预防发作。

同样的逻辑也适用于我的研究领域——心理学。在过去的三年里，DNA 序列的遗传差异也开始作为抑郁症、精神分裂症和学业成绩等多方面的预测因子，DNA 革命的影响很快也将在该领域体现。

预防需要预测，而 DNA 是独一无二的预测因子。我们的生命是从一个携带着父亲和母亲各一半 DNA 的单细胞开始的，此后分裂生长的数万亿个细胞都复制了同一套 DNA。因此，DNA 在母亲怀孕或婴儿出生时就能预测心脏病发作，就像它在后来的生活中预测疾病发作一样。

这就是为什么英国前卫生大臣马特·汉考克（Matt Hancock）在其任期内把 DNA 革命放在改革英国国民医疗服务体系议程的首位。在英国，一次严重的心脏病发作要花费英国国家医疗服务体系 70 万英镑（相当于人民币 583.8 万元），更不用说患者遭受的痛苦和因此失去的生活质量了。预防而不是等待问题出现，对于国民健康保险制度而言，可能是一次经济上的拯救。（相比之下，我看不出像美国这样以保险为基础的医疗体系如何能在 DNA 革命中存活下来。如果你有心脏病发作的高遗传风险，你将被要求支付更高额的保费，就像在汽车保险中，个人风险越高、保费越高，比如年轻男性和出过交通事故的人。）

如果 DNA 革命可以预测和预防医疗问题，那么也应该适用于教育领域。当然，最好是用来预测和预防阅读障碍，而不是等到孩子上学后才发现其不会阅读。阅读障碍还会给孩子造成二次伤害，因为他们可能会受到校园歧视，变得悲观和消极。

"矮胖子"（英国民间童谣集《鹅妈妈童谣》中的人物）一旦从墙头摔下来，就难再"重圆"了。大多数被诊断为阅读障碍的学生，在他们新生儿期其实就开始出现语言障碍了。目前，针对语言障碍问题已有了较完善的早期干预方法，但干预力度不同，效果完全不同。这意味着，力度越大，成本越高，当然，治疗成功的概率也会更大。然而，我们无法做到为每个语言障碍的孩子支付高昂的治疗成本。如果我们能针对高遗传风险的个体，为他们提供长期的一对一干预，将更经济有效。

同样，对于预测和缓解诸如注意力和多动症等行为问题，必须找到更高效的方法。这些问题不但占用了教师大量的时间和精力，而且引起的焦虑和学习问题一样多。人们试图以低廉的代价来减轻这些问题，例如使用互联网，充其量只能产生微小而短暂的效果。

有针对性地使用最昂贵的干预手段正成为可能，我们称之为多基因评分。一个世纪以来，对双胞胎和被收养者的研究积累了大量的证据，表明 DNA 序列的遗传差异对我们的个性、心理健康和认知能力有着重要的影响。

认知能力（如语言能力和记忆力）、学校相关技能（如阅读和数学）和行为问题（如注意力和活动水平）与常见的医疗疾病（如高血压、2 型糖尿病）一样是可遗传的。新的发现是，我们现在能够通过分析与性状相关的数千个 DNA 序列的遗传差异，使用多基因评分来预测这些行为特征。

举个例子，我的团队已经证明，我们现在可以预测孩子们在普通中等教育证书（简称 GCSE）考试中分数的 15% 的差异，英国学生在 16 岁完成第一阶段中等教育时会参加这一考试。15% 可能听起来很小，但这比父母收入更能说明问题。（最强的预测因素是测试前孩子自己的受教育程度，但这在出生时是不可知的。）这种多基因评分的预测能力在极端情况下表现得最为明显。例如，DNA 得分最高的 10% 的孩子中有 75% 能上大学，而得分最低的 10% 的孩子中只有 25% 能上大学。

当我写《基因蓝图》一书时，我希望时代精神已经从环境保护主义——这是我所接受的教育，转变为一种更平衡的观点，即承认自然的重要性。对这本书的总体正面评价让我松了一口气。然而，也出现了一些批评。最常见的一种观点是，这本书指向了宿命论，即如果我们的基因如此重要，我们就必须接受自己的命运。对于批评者来说，书名中的"蓝图"一词，以及我轻松地将 DNA 描述为"算命先生"，意味着决定论。但是基因并不能决定像心脏病这样的常见疾病，也不能决定像学业表现这样的复杂特征。

单基因疾病，如亨廷顿舞蹈病，是由基因决定的，这种疾病会导致神经退化和过早死亡。也就是说，亨廷顿舞蹈病的基因变异是必要且充分的——如果你有这种变异，你就会死于这种疾病，除非有别的东西先杀死你。但对于更常见的疾病和复杂的特征，基因的影响来自数千个微小的 DNA 效应。这些是概率倾向，而不是预先确定的程序。

在《基因蓝图》中，我写道："父母很重要，但他们不会带来改变。"这句话经常被误解。在迄今所研究的人群中，由于遗传和环境差异的混合，DNA 序列的遗传差异成为塑造我们作为个体的主要系统力量。这些差异比教养方式的差异更重要。但是，并不是说父母对孩子的平均成绩没有影响，在特定的人群，特定的时间，并不意味着父母不能产生影响。DNA 不能预测所有可能的情况，也不能规定应该怎样。

像其他重大的科学进步一样，DNA 革命有可能带来好处，也有可能带来坏处。有很多问题需要讨论，比如如何公平、有效和负责任地使用这些多基因 DNA 评分。但我支持使用它们，因为我看到了能够在生命早期预测问题和承诺的许多好处。

　　　　右图为由脑电图描记器记录的大脑中各种各样的电活动指数。

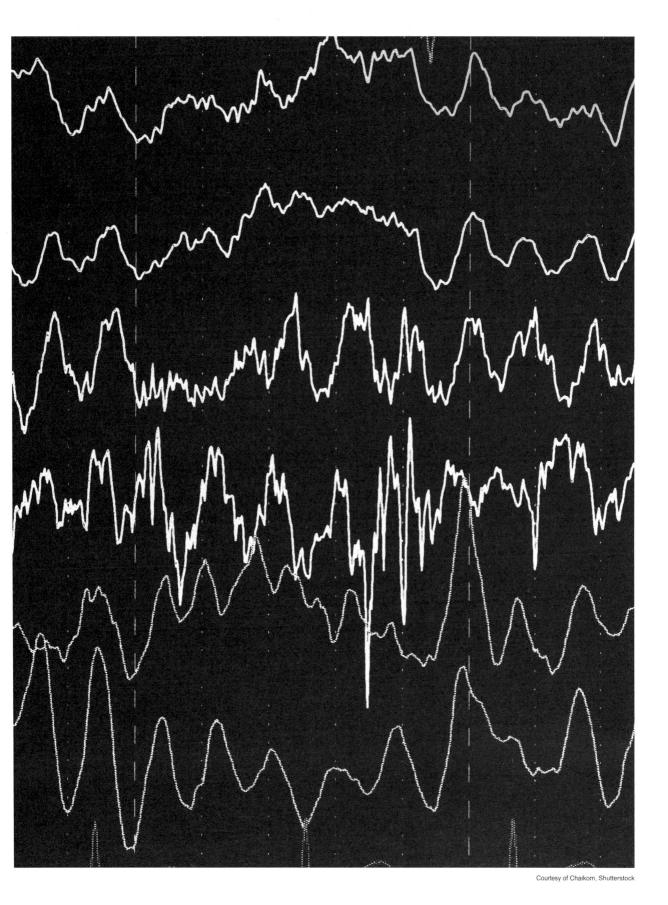

脑机接口技术将推动脑科学和信息技术的发展

Brain-Machine Interfaces Will Boost Brains and Machines

脑机接口技术将推动
脑科学和信息技术的发展

周昌乐，中国福建厦门大学智能科学与技术系教授。在他的一个研究项目中，志愿者戴着脑电图电极帽，观看类人机器人跳舞或表演其他动作的视频。周昌乐希望这一研究可以为脑机结合科学奠定基础。以下文字基于孙怡婷对他的采访加工整理而成。

在过去 30 年里，我一直试图在机器中加入类人智能。但即便我设计出的人工智能算法能够理解汉语隐喻并进行音乐创作——这是人类独有的智力活动——我仍觉得这些看似智能的机器缺少了什么。

当然，这些机器能够在短时间内处理大量数据。但对它们而言，计算能力既是强项，也是致命的弱点：如果给它们一个毫无规则和逻辑可言的任务，那这些机器会瞬间失灵。一台电脑是无法描述在听到自己创作的音乐时会有何感受的，毕竟，它们没有体验过。感受质是一种由感官刺激引起、毫无逻辑的人类心智体验，而这也是我最为珍视的人类智慧。

脑机接口可以通过开发"混合智能"来填补人类认知和机器智能间的鸿沟。在这种混合智能中，所需要的不一定是真实的人，也可以是存在于体外的神经元。当神经元和计算机建立起双向交流后，一个既能处理海量数据又带有主观体验的系统就诞生了。它虽然不是人类，但也不只是一个机械的人工智能。

混合智能对人类生活的影响将超出我们的想象。试想一下，如果瘫痪的人能让拥有混合智能的机器人去参加聚会，他将多么兴奋！借由与机器人的无线通信，居家的人不但可以看到新面孔、听到新故事，最重要的是，他们也许能重新发现社交的乐趣。此外，如果机器人能理解爱和人类独有的其他美好情感，它们也能够成为优秀的照护者。我坚信，我们开发的所有智能系统都应该为人类服务，混合智能也不例外。

我们可以自主设计神经元，以满足人们多元化的需求，这意味着我们不需要将人类的主观体验全部融入一个系统中。我们可以设计一种混合智能，它能够自己萌生情感。而另一种混合智能，能意识到自己的存在是与众不同的。

　　当然，如果出于不正当的目的使用这一技术，产生的危害将难以估量。我不想看到它被用来控制你或改变你的性情。那么，我们如何确保混合智能将成为一种帮助我们的力量呢？我认为答案应该是正确的教育和培养——不仅对人类，而且对拥有混合智能的机器也要这么做。

　　许多教育系统过于强调如何测量和提高智力了，忽视了对其他有益于人类集体福祉的品质的奖励。是时候解决这个问题了。无论是人类还是混合智能，只要内心是美好的，社会就会美好，人们就会远离那些邪恶的行为。

学生争取更好的生活

Students for a Better Life

学生争取更好的生活

锡拉努什·巴巴哈诺娃（Siranush Babakhanova），美国麻省理工学院 2020 届本科生，主修物理和计算机科学，她也是合成神经生物学小组的研究员。"在很多个不眠之夜，我常因人类当前和未来的发展方向，时而悲伤时而兴奋。我一直在思考已经和即将出现的人类增强技术—— 一项可能会对人类产生重大影响或极大考验的技术。"

我渴望存在一个社区，在那里我可以向相关学科的专家学习，和朋友们讨论解决办法，然后转化为行动。幸运的是，在麻省理工学院，我遇到了一批有好奇心、有远见的朋友，他们说服我组建了这个跨学科性质的社区——Xapiens，名字是我和联合创始人洛根·福特（Logan Ford）共同决定的，sapiens 代表智慧，X 代表未知。

从交通运输到现代医学，从小器械到武器，人类为探索世界、使生活更美好（或更糟糕）而创造的所有技术，本质上都是人类增强技术。它让人类突破了自身局限性，比如实现飞行梦、获得特异性免疫、实现远距离交流，甚至用以人类互相残杀。但是，由于新生物技术和非生物智能的出现，以及对太空和其他极端环境的探索，今天的地球人正处于一个关键的转折点，我们正在开发的技术将使自己的生活方式发生前所未有的巨变。在 Xapiens，我们有责任引导这些技术朝着降低生存、生态和社会风险的方向发展，这么做不仅为我们自己，也为我们爱的人。我们正在努力寻找利用这些技术使生活更美好的方式。

最为特别的是，像基因编辑这类强大的生物科技，以及脑机接口这类即将变为现实的技术，可能会给社会地位更高、经济实力更强的人群带去更多好处，从而加大某些群体之间的差距。这可能会造成无法挽救的种族隔离，某一族群的人因此在进化中落于下风。Xapiens 正在找寻合适的机会，可以利用这些技术去缩小差距。

纵观计算机科学的发展，我们相信在不远的未来，AGI（通用人工智能）会比人类表现得更好，甚至对人类造成威胁。如果到那时，我们无法以同样的速度进化自己的"硬件"，或者与智能计算机"兼容"，我们可能会错失又一个生存的机会。因此，我们对开发新型脑机接口非常感兴趣。

最后，随着人类开始探索太空中其他的天体，并试图将其改造成人类宜居星球，我们希望能够监督甚至影响国际委员会的决定——谁能够改造，以及如何改造。

到目前为止，我们主要讨论的是智人的未来。但我们并没有忘记 1998 年的《超人类主义宣言》（ *The Transhumanist Declaration* ）。它是一场倡导用科技，比如智能计算机、动物生物技术等改进人类自身条件的科技文化运动，它也研究使用人类增强技术的可能性和后果，比如可能迎来后人类时代。Xapiens 也可以替代安全托管机构，负责保存历史档案和文件，也可以提供蜂群思维或类似的活系统用于企业智能整合。

最后，人类增强技术不仅仅是为了生存，它克服了人类能力的极限，让我们体验了新型的美、喜悦、爱和同情。为了沉浸在这些美好的体验里，人们开始作曲、画画、研究数学。人们睡觉时也可以梦到美丽的和非常可怕的画面，对宇宙之美的深度体验也让我们能够预测它的法则。我们常常幻想世界上存在无限的美、无尽的爱，人类增强技术可以让我们所有的感官全方位、多维度、深层次地体验到这一点。

通过增强技术，人类可以超越新的宇宙地平线、达到更高的精神境界、拓宽社会新领域。我想听到星星的心跳，与时空的波动共振，就像它们是我身体的一部分。我可以尽情想象复杂的宇宙之舞，回忆生物文明，还可以将它们爱恨交织的故事嵌入我的潜意识。或许会掺杂着阴谋或悲剧，但我想那也是一种富含诗意的美。我想感受这一切，我认为 Xapiens 是实现这一目标的途径。我没有试图预测未来，相反，我想参与建设未来，希望它极尽美好和明亮。

鸣谢：Xapiens 由麻省理工学院学生部、麻省理工学院媒体实验室和麦戈文大脑科学研究院资助。感谢亚历克西·舒埃里（Alexi Choueiri）、劳埃德·霍伊特·韦茨（Loyd Hoyt Waites）、内森·罗林斯（Nathan Rollins）、阿菲卡·尼亚蒂（Afika Nyati）和布罗迪·韦斯特（Brody West）的意见。

长寿才刚刚开始

Longevity Is Just Getting Started

长寿才刚刚开始

克里斯滕·福特尼（Kristen Fortney），生物技术公司 BioAge 的创始人兼首席执行官，该公司致力于开发用于治疗衰老和与衰老相关的疾病的创新药物。通过分析储存于"生物库"中几十年的人类血液样本，公司正在构建这些样本的深度分子图谱，包括蛋白质组学、代谢物组学，以及其他信号分子组学，试图从中找到与衰老过程相关的因子，并以此为基础展开对药物和疗法的研究。以下文字基于布赖恩·伯格斯坦对他的采访加工整理而成。

我们正在研发的分子将会使人类寿命增加 10 ～ 20 年，我非常确信，这一数据只是保守估计的下限。人类寿命的长短并不存在明确的物理学或生物学限制。比如，同为哺乳动物的北极露脊鲸，它们的平均寿命为 200 岁。

在 20 世纪，人类的平均寿命得到了大幅延长，但这主要得益于清洁水的供应、抗生素的出现和婴儿死亡率的降低。可是，最高寿命并没有明显变化。事实上，我们是近些年才发现衰老是可以延缓的。2009 年，一项关于小鼠的大规模研究发现：雷帕霉素（rapamycin）可以延长小鼠寿命，这是科学家们首次证明一种药物可以延长哺乳动物的寿命。基于该结论的第一批药物目前已进入临床试验阶段，将有可能在几年内上市。

我们坚信，这只是揭开衰老机制的第一步，未来将会出现更多相关研究。不止是哺乳动物，我们还可以研究延长其他物种寿命的方法，相关成果也有可能转化到人类身上。理想情况下，人类将会在健康状态时就服用药物，以推迟突发某些疾病的时间，就像现在一些人服用他汀类药物或阿司匹林一样。仅仅一种药物可能无法满足身体所有需求，比如，针对老化的免疫系统需要一种药，针对老化的肌肉需要另外一种药，想实现预期效果则需要合理搭配使用多种药物。

那有什么潜在的危害吗？你听过这句名言吗——"科学跨过次次葬礼而前进"？你能设想到那时社会的权力结构将会持续更久，对吗？可是，改变并不会在一夜之间发生。我想，如果我们都能活到 1000 岁，这将是个问题。那时，社会将面临一段非常艰难的调整和适应的过程。但我不认为这样的情况会发生。

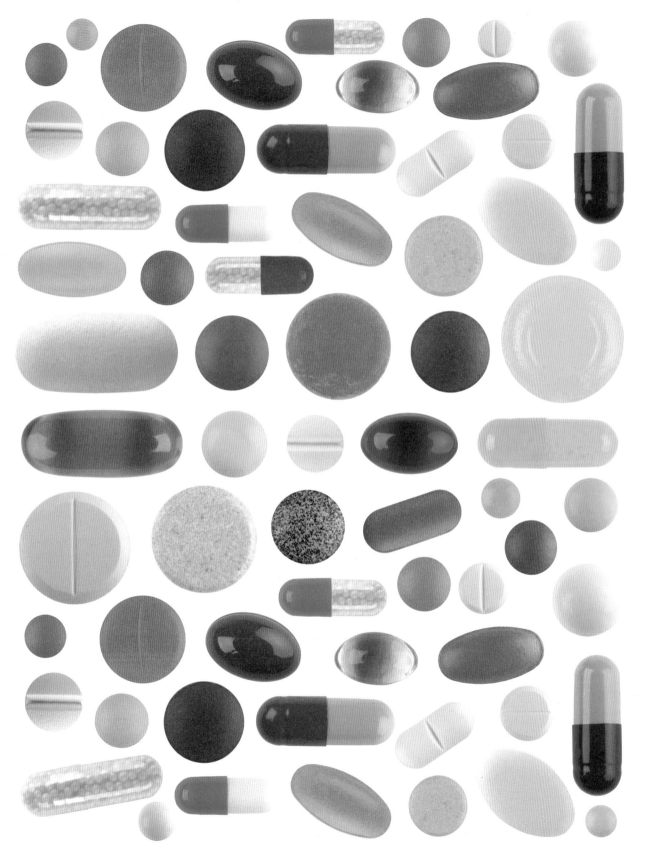

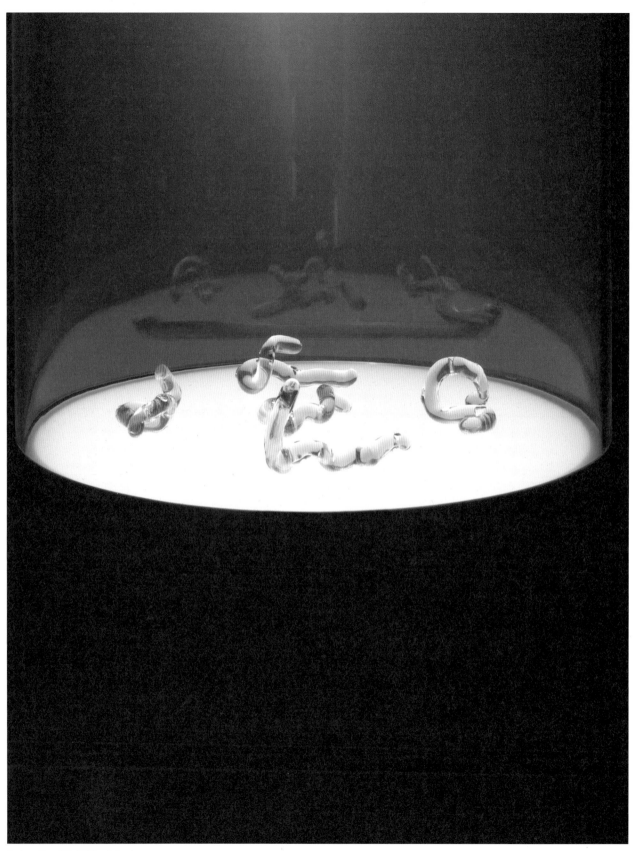

相思病
陌生人的脸

Lovesick
Stranger Visions

相思病　陌生人的脸

相思病

希瑟·杜威-哈博格（Heather Dewey-Hagborg），是生活在美国纽约布鲁克林的一位艺术家和生物黑客。在她的作品《相思病》（第104页）中，她试图通过生物技术来传播情感和依恋，以对抗当前人类之间存在的疏远和仇恨的情绪。她与抗体发现公司Integral Molecular 共同研发了一种逆转录病毒，目的是促进催产素的分泌，这是一种可由触摸（如拥抱、母乳喂养和性高潮）和社会关系刺激释放，在大脑中充当神经递质的激素，它已被证实可以加强大脑中的社会记忆。

他们把病毒装在艺术家设计的小玻璃瓶里，并将它和一段视频共同展出，视频中她和自己的伴侣吟唱着歌谣。这是一首写于14世纪以相思为主题的歌谣，但歌词却是组成催产素蛋白质的字母改编的，而非原版的意大利语单词。唱这首歌和打破小瓶子是为了创造一种仪式感——为了人类即将到来的情感剧变。病毒一旦进入人体，就像爱的宣言或吞下含氰化物的药丸，是不可逆转的。

陌生人的脸

尽管希瑟·杜威-哈博格对我们现在和未来所能做的事情持乐观态度，但她提醒道，我们不应该让自己被跟踪、剖析或克隆。为了证明自己的观点，这位艺术家从头发、烟，还有自己从街道、地铁和公共厕所收集的废弃口香糖中提取了DNA。利用法医DNA表型技术并通过大量的艺术创作，她制作了真人大小的、3D打印的肖像面具，这些面具是那些没有被看到的人留下的东西，这促使观众质疑这种日益常见的警察做法的准确性和道德性。事实上，在她的《陌生人的脸》中，7张3D打印的肖像面具让这些虚构的人看起来像是列队等待警察确认的行凶者。

图注
P104《相思病》（*Lovesick*, 2019），定制逆转录病毒。
P107−109《陌生人的脸》（*Stranger Visions*, 2012—2013），3D打印的肖像面具。

如果人人都能成为生物工程师，会发生什么

What Happens When Anyone Can Be a Bioengineer

如果人人都能成为生物工程师，
会发生什么

梅根·帕尔默（Megan Palmer），美国斯坦福大学国际安全与合作中心高级研究员，主要研究如何管控新兴技术的风险。她创立了合成生物学卓越领导力加速器项目（LEAP），并为国际基因工程机器大赛（iGEM）设计了社会责任项目。

高中时，我和朋友们设计并制作了一个机器人。

当时，16 岁的我和同样痴迷科技的朋友们说服了我们的物理老师，请她帮助我们在 FRC 机器人竞赛的加拿大分会注册一支队伍。比赛的规则很简单，每支队伍会得到一套标准零件，然后需要设计和制作出切合主题的机器人（那次比赛主题需要选择垃圾箱作为底盘）。当然，因为是在加拿大注册的，它还必须会打冰球。果然，最后赢得大奖的那支队伍，拥有胜出场次最多的冰球机器人。

我们说服了父母的公司作为团队赞助商，与此同时，我们也在努力设计能让机器人打冰球的方案。FRC 机器人竞赛在加拿大安大略的汉密尔顿举行，在那里，我们遇到了来自加拿大全国各地的队伍，他们和我们一样痴迷科技，渴望设计出顶尖的机器人，也和我们一样遇到了技术上的难关。虽然我们险些成为最后一名，但并不影响这是一场有趣又令人兴奋的比赛。比赛结果并不令人意外，我记得有一名队友更专注于设计能让机器人喷火的方案，而非打冰球。而这一设计使评委们受到了惊吓，即使我们最终用气动系统代替明火作为机器人的动力来源。这是因为一旦机器压力过大，就相当于我们制造了一枚气动炸弹。

在过去的 15 年里，许多队伍都参加了国际基因工程机器大赛（iGEM），该比赛的灵感便是来自 FRC 机器人竞赛。和后者不同的是，前者的队伍会得到标准的基因片段，他们可以选择微生物作为"底盘"，比如大肠杆菌、酵母或者其他，而非垃圾箱。而且，他们并不是为了赢而参加比赛（只为了赢而设计病原体可真是一个糟糕的主意），而是想做一些有用的事情，为此，他们设计了基因工程机器人。

想要获胜，iGEM 团队必须实现一些目标，比如设计新生物模块，以便在接下来的几年将其添加到标准化生物元件工具包中。他们也会为了能获得最好的项目而竞争，从生物降解塑料到可用于环境污染物监测的生物传感器，再到细胞疗法的原型设计，项目范围覆盖广泛。每年，涵盖几十个国家、数百支队伍的数千人都会来到波士顿参加比赛。评委由来自大学、公司、政府和社会团体的志愿者组成，他们共同见证着生物工程的未来。我在麻省理工学院的同学们参加了第一届 iGEM，他们后来创办了一家公司，主营业务是为从农业到癌症治疗的所有领域提供定制生物体服务，目前其公司估值超过 10 亿美元。

但是，随着工具和知识的广泛传播，如果任何一个 16 岁的孩子都能设计人生，会发生什么？不止一个生物工程师半开玩笑地说：可能会出现龙。但他们也可能制造出传播失控的病原微生物，与之相比，龙看起来似乎更易于控制。我也担心，一个过分热忱却不切实际的改革家会陷入歧途，毕竟灾难并不是必须由邪恶的意图引发。

生物学不等同于机器人学。前者风险更高，两者的原理也不同：生物学重在研究生命的繁殖、进化，以及生物交互作用。反观机器人学，我们常常是在玩耍中发现和学习什么是可能存在和可能允许的。因此，当我们试图激励下一代生物工程师时，我们也需要唤起他们的责任感。在 iGEM 中，我和志愿者们常常思考：我们该怎么鼓励他们去解决更重要的问题？我们怎么才能确保最重要和最令人兴奋的工作能够安全完成？我们要做什么才能让大家觉得制造消防机器人比喷火机器人更酷呢？

我们的方法是将这些道德原则纳入竞赛规则和评比体系中。我们把这部分新增规范定义为比赛的"人类实践"部分。团队被激励与利益相关者合作，努力解决与项目相关的生物安全和生命伦理问题。这些问题很复杂，几乎不存在至佳至简的方法。正因如此，设计符合新增规范的工程被大家视为一项挑战，同时也成了所有优秀项目的重要组成部分。

令我们感到欣慰的是，所有团队都欣然接受了这一挑战。他们开始与执法部门合作，共同测试旨在防止人们购买危险 DNA 序列的法规的有效性。他们已经设计出控制、追踪其生物传播的方法。此外，各团队也积极参加了本国和联合国的政策论坛。事实上，龙虽然有可能会引起他们的兴趣，但大多数人对探索如何让世界变得更美好同样感兴趣。

然而，尽管我们竭尽全力积极面对，总有令人担忧的情况出现。

比如，有时候各团队使用的基因组件本身是无害的，但当它们结合在一起时就变得十分危险——就像一个部件负责传递信息给细胞，而另一个部件则会导致该细胞膨胀和爆炸（原理类似于空气炸弹！）。这种组合可能有助于发现和杀死癌细胞，但你并不希望健康细胞也被攻击吧。这些团队还设法测试这一项目在动物身上的应用成果，他们以害虫为攻击目标，然后设计可能会超越国界的产品。他们的项目常常会涉及缺乏范例或公平性的问题，而这些问题几乎没有被他们的指导老师或政府考虑过。

随着新问题的出现，iGEM 每年都会对竞赛规则和评比体系进行修订。因为与年轻人一起工作似乎风险较小，iGEM 现已成为一个学习如何管理生物工程的协作空间。在这种背景下，那些需要政府耗费几十年心血才能制定的政策，便可以缩短前期考察的时间。

这并不意味着规则牢不可破。随着比赛规模越来越大，项目也越来越复杂，这些规则也需要强制执行。我们现在设定了专门的"安全保障"和"责任引导"程序，可以提前审查所有项目，以帮助不达标的团队及时做出调整，但这些程序也可以直接取消团队的参赛资格。总有一些团队吃了苦头才知道它的厉害，比如曾有一支队伍因引起了一场火灾而被取消了参赛资格。

这又把我们带回了最开始的那个问题：如果任何一个 16 岁的孩子都能设计人生，会发生什么？人们总是想要突破极限，但当风吹错了方向时，即使是小火苗也可能引发大灾难。

为了避免未来需要不断地救火，我们必须让更多的团队积极协作解决问题。人类在实践中

对页图为艺术家笔下的大肠杆菌。

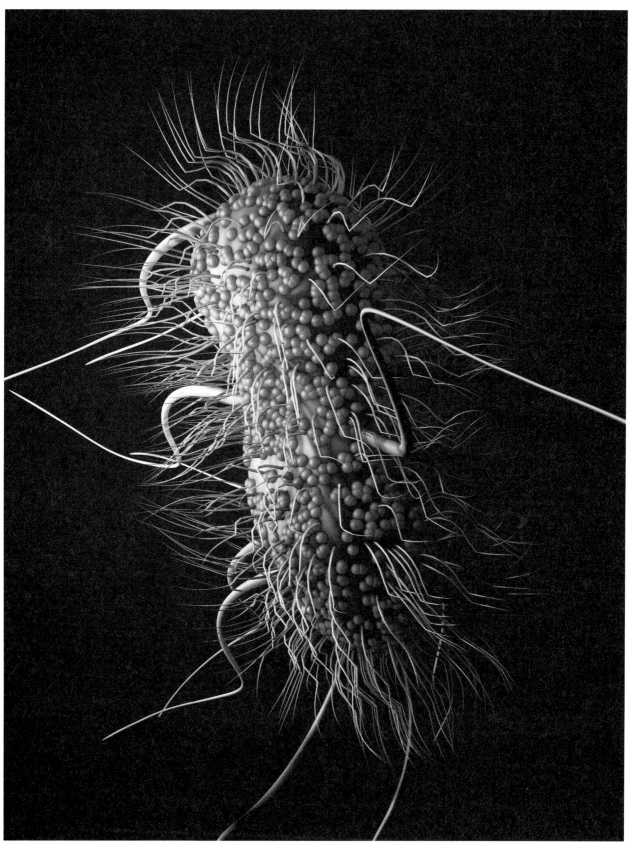

不断丰富和发展的经验让我们明白了正向激励和正面示范的力量。但它也告诉我们，虽然自治是必要的，但它永远不会是充分的。如何制定相关标准并执行，我们还需要与其他国家合作。

世界不是学生比赛的擂台。当这些少年长大后，他们不会再对 iGEM 中那些所谓意义重大的 T 恤、贴纸和奖杯有什么反应。生物学也会因为可以搭建设计任何东西而变得有利可图。于是，操纵生物的能力就会发展为一股强大的政治力量，从个人席卷到全球。当我们朝着一个任何人都可以操控生物工程的未来前进时，我们需要不断发展文化和激励机制，以确保它为每个人服务。

技术生物学的田野笔记

Fieldnotes from a Technobiocology

技术生物学的田野笔记

贝姬·莱昂（Becky Lyon），是英国伦敦的一位艺术家，毕业于中央圣马丁学院，也是艺术研究俱乐部"弹性自然"（Elastic Nature）的创办人，主要探索"自然形态的变化"。

如果进化是对现有材料进行重组和二次配置的过程，是不是万物都能构成生命？也许，即使是那些被定义为"合成的""过期的""死亡的"或"废弃的"物质，都可以摇身一变为活泼的、有表现力的，甚至在某一阶段能够重新显现生命力的物质。这就是我在一系列名为"技术生物学的田野笔记"的雕塑作品中所表达的想法。基因编辑实验中产生的 DNA 碎片会进化成什么？是变为丰饶的土地，还是变为电子废弃物，又或者二者皆有？那生物信息数据编码要如何匹配合适的生物硬件？

"生物朋克"（第 117 页图上的作品，3D 石膏打印而成）是混合了不同物种 DNA 的杂交生物，可能是"自然生物"和"人工生物"的组合，或"自然生物"和基因编辑生物的组合。它们是可识别的、异化的。它们是在实验室里设计出来的吗？自然生物和基因编辑生物能够繁殖后代吗？它们是人类创造力的奇妙表达，还是人为创造的变异怪物？

右图是名为"皮肤交互界面"的作品，采用生物塑料制成。它把皮肤作为一种新型显示载体，可用作生物技术接口，也可监测生命物质代谢。不但可以显示万物，还可以通过颜色变换传递信息。这些转变展示了生命在形成、生存和进化过程中发生的物质交换。这项研究还对生物体在多大程度上被肉身所包含，以及与周围介质的耦合程度提出了疑问。

想象一下，在这种新式"自然"中，细菌可以吸收人为污染用以发电，光合作用膜用以大气中碳封存，还有用塑料作为新型结构材料。这一切都预示着拥有独立自主系统，不受人类干预的后人类时代的来临。这也向我们展现了积极的未来，那就是科技和生物的融合不会导致令人厌恶的后果，反而有利于对地球的修复和重建。

"我认为科技设备不应该能与我感同身受。我不希望机器人以任何方式模仿人类的品质。我所追寻的是将科技用于增强人类能力，这两者是有很大区别的。"

—— 波比·克拉姆（Poppy Crum）| 神经科学家

完美的性高潮

The Perfect Orgasm

完美的性高潮

卢克斯·安尔陶姆（Lux Alptraum），*Fleshbot* 前编辑，作家，著有《假装：女人关于性的谎言和真相》（*Faking It: The Lies Women Tell About Sex-and the Truths They Reveal*）。此外，作者长期为 *OneZero* 撰写以性和科技为主题的专栏。

十多年来，我一直在撰写、评论和帮助开发性玩具。对性科技的未来，人们反复向我表达了相同的看法。

简单地说，在他们的想象里，未来的性玩具是一种结合了机器人技术、生物数据和机器学习的设备，通过监测个体进而评估其性兴奋等级，并相应地调整自己的性能，以保证个体每次都能产生性高潮。

这很容易理解，为什么以上这一想法如此诱人，为什么一个宣传自己制造了"第一台人工智能震动器"的众筹融资项目吸引了 The View（美国的一档日间脱口秀节目）的注意，为什么媒体会大肆报道那些声称能够指明性科技行业趋势的白皮书，为什么当我在繁多的会议中听到有人讲述关于研发震动器的伟大计划会异常兴奋。性快感是一种无法精准捕捉和描述的感受。评价感受好坏，或者明白我们想要如何获得快乐，这已经很困难了；如果再把这些欲望用语言表达出来，与伴侣交流，虽不是完全不可能，但也称得上是一项艰巨的挑战。

如果有一种设备，它可以解决这些难题，通过对身体语言的解密来控制我们的性欲，它承诺让我们产生性高潮，而且不需要自己动一根手指（无论是字面意义上还是比喻意义上）。这将是一种可以释放我们性潜能的设备，不再需要我们的大脑解读身体性爱状态下传递的、令人困惑、有时甚至相互矛盾的信息。当然，这听起来很有吸引力，特别是对那些想从他人性快感中获利的人。

事实上，即使它真的实现了，我也不认为我们会迷恋这种快感。就像性幻想，也许当这些想法只是一种可能性而非现实存在时，才是最受欢迎的。

尽管有预感身体的生物数据可以被解读，进而实现对性唤醒和性欲的详细描述，但研究表明，我们的生理信号和我们的大脑对快乐的感知之间的关系并不像我们想的那样紧密，即使男性阴茎勃起，女性阴道润滑，我们的大脑也可以毫无感觉；甚至高潮也不能保证是一种纯粹愉悦的体验。如果我们的身体行为和大脑感觉之间没有直接的联系，很难想象一个性玩具能够仅仅根据我们的身体数据来断定我们内心真正的渴求。

最重要的是，虽然毫不费力的高潮听上去很有吸引力，但我怀疑它是否真的会令人兴奋。性欲和性快感，不仅仅是为了抵达伴随着极致愉悦的爆发时刻。这是一场自我认识和自我探索的终身旅程，对知识的追求过程和最终目的一样重要。

综上所述，一个能让我们到达性高潮的玩具似乎是性爱体验的缩影。实际上，它更像是一种廉价的把戏，骗走了性爱中最美好的部分。

最棒的性玩具能够恰如其分地融入我们正在进行的性行为中，以增强快感为目的，而不是喧宾夺主。当我设想性玩具的未来时，我看到的是充电方便（甚至无须充电）、清洁简单、符合人体工程学、经济实惠的产品。简言之，我们真正需要的是既简单又能达到事半功倍的效果的产品。

香草味道的记忆

Vanilla Memories

香草味道的记忆

哈努·拉贾涅米（Hannu Rajaniemi），科幻作家，著有《量子窃贼》（ *Quantum Thief* ）、《夏日》（ *Summerland* ）和《黑暗世界》（ *Darkome* ）。此外，他也是 HelixNano 公司的联合创始人兼首席执行官，该公司正在研发全新的癌症疗法。《香草味道的记忆》是由哈努·拉贾涅米创作的短篇科幻小说。

第一部分

在美国疾病控制与预防中心（CDC）解除旅行禁令两天后，伊迪·里巴斯（Edie Ribas）回到温特斯的家中看望她的父母。

她开车经过了一望无垠的麦田，映入眼帘的便是温顿农场那一排排整齐的杏树。伊迪缓缓打开车窗，混杂着粪便、阳光和灰尘的空气扑鼻而来。这让她想起了 10 年前离家上大学的那天，唯一的区别是今天不像往常般热闹开心，周遭沉默寂静得可怕。特别是当车停在了父母所在农场前布满碎石的车道上时，这种沉重萦绕心头、愈加强烈。

在从旧金山出发的途中，她戴着智能眼镜浏览了网页上关于如何应对感染者的话题，默默跟自己说一切都会好起来的。前不久，一个"利他主义"团体向全世界释放了一种能进行基因编辑的病毒，并取名为"利他主义病毒"，这种病毒的对每个人的影响略有不同。在隔离期间，父母比之前显得安静一点，但这或多或少很正常。不过，在网络上这些自相矛盾的建议中，有一点是很明确的。

这一点，如果你没有见过感染者，你是不会明白的。

低矮的篱笆和树木使农场变成了一个迷宫，这对于童年时期的伊迪而言，简直是一座完美的游乐场。农场里除了房子之外，还有一个谷仓、两间农舍，当然还有一间温室。你现在所见

Illustration by Daniel Zender

的华丽的圆锥形帐篷是为了后来那些喜欢住民宿的客人特意布置的，他们着迷于这里古怪的布局、中央山谷的阳光和动物园里未完成的垃圾金属雕塑。正门入口处的一排生锈的机器人仍然没有胳膊和双腿。

伊迪按了门铃。没有人回答，但门后响起了一阵激烈的狂吠声。门外的伊迪不自觉间嘴角上扬，尽管雪诺（Snow）在她离开时还是只小狗，但那声音她极其熟悉。

她弯下腰，将手伸进了放在鼠尾草床上的一个破罐子里，不出所料，备用钥匙依旧在这里。当伊迪打开门后，兴奋的雪诺立马冲了出来，围着她欢快地摇尾巴转圈，然后把嘴里叼着的破旧网球扔到了她脚边。

伊迪挠了挠雪诺的耳朵，便捡起网球进门了。

她穿过寂静的房子，雪诺跟在后面。据说被感染者不再关心像打扫房子这样的琐事，但一切都和她记忆中的一样。厨房里，碗碟整齐地摆放在水池边。远处微弱的金属撞击声解释了她父母不在这里的原因——母亲在工作，至于父亲，伊迪大概能猜到他在哪里。

她循着声音走去，在谷仓后面找到了正在制作金属树的母亲。

琼·里巴斯（June Ribas，伊迪的母亲）的小身架几乎完全被那庞大的工业外骨骼所吞没。她正用液压支架的一个亮黄色爪子抓着一根巨大的银色树枝，在一个超大的铁砧上快速准确地敲打。显然，这根树枝属于母亲背后那赫然高耸、体积更大的作品——那是一团互相交织、高耸入云的银色卷须物，它看上去至少有 20 英尺（相当于 6.096 米）高。而且，每一处闪闪发光的地方，都印着样式复杂的图案，比如人物面孔、动物，以及风景。

伊迪一脸震惊地盯着那棵树，手里的网球滚落下来，她完全没有注意到敲击声是什么时候停止的。只见琼打开外骨骼的锁扣，跨步迈了出来，并摘下了护目镜。尽管依旧能看到她棕色眼睛周围的红色斑点，脸上的汗水却让她焕发出了健康的光彩。

伊迪不由自主地后退了一步。因为母亲很喜欢拥抱自己，特别是当她们已经一段时间没见面的时候，尽管这总是让伊迪感到不舒服。但这一次，琼只是静静站在那里，面无表情。

"嗨，妈妈。"

琼不发一言，只是把头歪向了一边。雪诺在她脚边欢舞，还把刚刚滚落下来的球递给了她。然后，琼的脑子里好像有什么东西咔哒一响，随即她的脸上就露出了笑容。

"伊迪，"她问，"你想喝点什么吗？我敢肯定你开了很长时间的车。"

伊迪有点毛骨悚然，她想起了罹患卡普格拉综合征（Capgras syndrome）的人们，他们会认为自己生活中的人已被外星人或机器人所取代。现在，伊迪知道那是什么感觉了，眼前的这个人看上去、听起来都是琼，可带给她的感觉却不是琼。

紧接着，她注意到了琼那晒黑的手臂上有处浅淡的烧伤痕迹，担心地问道："妈妈，你受伤了吗？怎么回事？"

琼紧皱眉头，思索良久后回道："哦，这可能是我焊接那棵树时，不小心伤到的吧。"她边戴智能手表，边继续解释说："不需要担心，疾控中心善良的工作人员给了我这个手表，如果我受伤了，它就会发出警报的。"

大脑中被利他主义病毒改变的基因有一个愚蠢的名字——"滚出去吧，脂肪酸酰胺水解酶（FAAH）"，缺少 FAAH 基因的人几乎不会感到疼痛和焦虑。利他主义者的解释是，它减少了全球范围内人类的痛苦。也许确实如此，但它也掩盖了琼的特色。纵观琼的人生，她始终被轻微的恐慌症所纠缠。比如，伊迪离家上大学这件事会让她深感恐慌；度假时行李里也会塞满衣服、急救箱和应急食物。

小心谨慎是母亲的风格。

伊迪有点头晕目眩，她在身旁一张摇晃的野营椅上坐了下来。突然，她有点后悔没有让祖尔（Zur）一起来。他们已经同居两年了，祖尔还从未见过她的父母。并不是伊迪觉得自己父母羞耻，她只是想保持自己世界的独立性而已。

祖尔并不理解伊迪的想法，他们还为此大吵了一架。现在，伊迪非常希望非二元性别的祖尔出现在这里。

"妈妈，你现在感觉怎么样？"她平静地问。

琼微笑着说："你知道吗？这有点像内观（一种禅修方法）之后的状态，生命里的一切都变得充满希望和平静。以前，我一直很担心你，包括你的工作、你那些从未带回家的朋友。如果你一段时间没打电话给我，我就担心得快疯了。但是现在我明白你已经长大了，我再也不用担心了。"

琼捡起脚边的球扔了出去，雪诺立即狂奔而去。琼接着说："你确定不需要喝点什么吗？"

至少我现在知道事实真相了，伊迪心想。尽管嘴唇很干，她也要一个一个解决眼下的事情。伊迪问道："爸爸呢？他在哪里？"

"他在温室里，不如你去把他叫出来吧，我来做点简单的午饭。"

第二部分

伊迪犹豫着走到了温室门口。父亲不顾家人反对，固执地坚持他所谓的家族生意——种植香草兰，即使市场上有合成香草兰。合成香草兰是用基因工程合成的酵母菌培育的，这种酵母菌既能产生香草醛，又能产生数百种化合物，正是这些化合物赋予纯天然香草兰豆荚复杂的香味，伊迪也说不清楚这是什么味道。

但这个被感染的父亲会是什么样子呢？伊迪内心有点不安，但她必须亲自去确认。

她猛地打开了温室的门，湿热的空气扑面而来。她脱下了蜘蛛丝制的连帽衫，裹在了腰间，随手关上了门。

香草兰属于攀缘性植物，所以温室里到处都是假树。它们大多是用铁丝网包裹着的排水管，上面长满了苔藓。尽管也有一些是被父亲改造过的、母亲未完成的雕塑作品——四肢细长的机器人身上不仅覆盖着翠绿的泥炭藓，还缠绕着光秃秃的葡萄藤。现在才 2 月中旬，香草兰通常在 3 月开花。它的花朵每天只开几小时，一般早上开放、中午开始收拢、晚上完全闭合。

潮湿的泥土和苔藓的味道瞬间让伊迪想起了自己的童年。每当她和父亲分享自己读过的某本书，或者炫耀自己在平板电脑上编写的一个新机器人程序时，她就会来这里找父亲。他总是会停下手头的事，静静地听着。当伊迪讲完的时候，父亲晒黑的脸上就会露出因无法理解而苦恼的表情。然后，他就会和伊迪讲述一些自己的事情，主题常常和自己种植的香草兰有关。比如，它是如何在大陆分裂前进化的？或者它是如何在马达加斯加被热浪肆虐，导致全世界香草豆供应不上的环境下，成为可以在加利福尼亚州温室里种植的、最有价值的产品。这下，轮到伊迪觉得无聊了。这时，父亲常常会先叹口气，然后就停止聊天，继续工作了。最初，伊迪并不介意坐在那里默默地陪着父亲，因为这让她感到安全。随着时间的推移，她和父亲的交流变得越来越困难，而父亲关于香草兰的故事也全部讲完了。最终，他们彼此都放弃了努力交流的想法。沉默在他们之间变得无孔不入，吃饭时、上学时……直至伊迪上大学前，他们已经很多年没说过话了。

现在，再次进入温室，她觉得自己就像黑森林里的霍比特人——迷失在一个不属于自己的地方。

有什么东西在前面的树丛中移动，那是她的父亲，正在给葡萄藤和假树喷水。65 岁的托尼·里巴斯（Tony Ribas，伊迪的父亲）仍然很瘦，还有点驼背。他就像一个人形的未熟透的香草兰豆荚，而且还是被种植者丢弃的那种，又黑又干又卷曲。

他停了下来，举着喷雾器，看向伊迪。

"爸爸，"伊迪声音嘶哑着说，她避开那些悬挂着的藤蔓，穿过棚架朝他走去，"我来……我来看看你有没有事，妈妈正在做午饭。"

又来了，那种卡普格拉综合征的感觉，而且这次更糟糕。母亲至少做了些动作，父亲只是站在那里，看着伊迪，就好像她是一只逃脱了自己的真菌生物杀虫剂，在温室里制造混乱的蚜虫。不同于小时候流淌于他们之间的沉默，现在的父亲压根看不见自己。

他转身背对着她，继续给那些植物喷水。

伊迪崩溃了，她转身就跑，泪水瞬间盈满眼眶。她撞到了棚架上，被一根突出的铁丝网划伤了前臂，但她立马拂开了长矛形绿叶，继续跑。她跑出了温室，又从老鸡舍前跑过去，雪诺在她身后狂吠不止。跑着跑着，她发现了一条通往高速公路的破旧小路，立马抬腿穿过。伊迪的胳膊不停地摆动，直到跑到了高速路边才停下来。

她双手撑在膝盖上，大口喘着粗气，努力抑制着胃内反酸的感觉。

片刻之后，她用颤抖的手给自己戴上智能眼镜，打了辆车回家了。

第三部分

不是父母的家，而是自己在旧金山的家。那是她和祖尔、乔治（Jorge）、伊诺森（Innocenta）合租的一幢色彩鲜艳的旧木房子。因为房子被刷上了亮黄色墙漆，他们一致决定将这幢房子命名"小红蛱蝶之屋"（小红蛱蝶的蝶翅色彩橘褐相交，与房子颜色相似）。

伊迪因为哭得太累，进门时还颤抖着。幸好，其他人不在家。她脱下鞋子，跳进了安装在通风角落、成人尺寸的海洋球池里。熟悉的塑料气味和舒适的按摩力度让伊迪放松了下来。

在这里，没有父母，只有伊迪。那个给人工智能编写知识图谱、在乐队里弹奏尤克里里、作为祖尔灵魂伴侣的伊迪。每个经历了丧亲之痛的人都可以继续自己的生活，这次并没有什么不同，伊迪相信自己也可以挺过去的。

想到这，她的眼眶又泛红了，伊迪迅速擦干眼泪，戴上了智能眼镜。她想，自己应该工作了，对，工作！她已经浪费了一整天了。

她趁势查看了工作台，看到了一长串工作邀请。感谢这些多巴胺的刺激，她开始快速浏览工作内容，并试图忽略内心深处那一丝丝空落落的感觉。

自从伊迪注射了"亮色"这一药物后，工作就有了起色。这家以药物名称"亮色"命名的创业公司主要提供超医疗许可的基因疗法，最初研发这一疗法的目的是减缓老年人神经退化，后来却发现能够对年轻人的大脑产生更强的刺激。购买"亮色"，伊迪需要用无法被追踪的加密货币完成支付，价格相当于她一年的工资，她对这件事情的合法性持怀疑态度。伊迪负担不起，但祖尔认识"亮色"的一位创始人，给她打了个折。伊迪去了一个隐蔽但设备齐全的诊所，一名穿着"亮色"T恤的护士为她安装了一个机器人静脉注射系统，这样她就可以自行注射药物了。这一方法，可以完美地避开美国食品药品监督管理局（FDA）的审查。

它的确物有所值。注射"亮色"后，那个思维活跃的伊迪又回来了。她努力学习了几个月的图形架构变得像小孩子的游戏，她还成功加入了一个专业的半人马团队，充当人类和人工智能间的翻译。最近，她开始失去自己的优势，因为几乎这座城市的所有技术人员都成为"亮色"的客户，但她有充足的"回头客"，这可以让她维持一段时间的生计。

讽刺的是，伊迪通过拇指按压触摸屏从而注入体内的"亮色"，与利他主义者在全世界范围内传播的基因编辑病毒非常相似，以至于她对后者产生了免疫。这也是为什么大城市的人几乎没有被后者感染的原因。那些有能力在大城市生活的人，同时也是注射了"亮色"的人。实际上，他们相当于接种了两轮疫苗。而成功感染了利他主义者病毒的无家可归者和农民，反而获得了最前沿的增强技术。这在一定程度上是公平的。

然而，没有人问过她的父母是否想要这些"利他主义者"的礼物。想到这，伊迪怒火中烧。刚刚急匆匆地逃出温室时的心情，还有父母脸上空洞茫然的神情又浮上心头。伊迪缓缓地闭上了自己的眼睛，轻轻晃动着身体，海洋球在她身边嘎嘎作响着。

有人悄悄地滑入了伊迪身旁的球坑里，用柔软的手抚摸了她的脸颊。就在这时，祖尔独有的椰子味洗发水的香味席卷而来——祖尔用自己强壮的手臂紧紧抱住了伊迪。

"嘿，你还好吗？"祖尔问。

伊迪睁开眼睛，回应："听着，我很抱歉——"

"不用抱歉，宝贝儿。你能告诉我发生了什么吗？"

伊迪颤抖着叹了口气。然后她把脸贴在祖尔的肩膀上，眼泪涌了出来。

"没事的，"祖尔小声说，"你现在到家了。"

第四部分

"就好像他们是不同的人。"伊迪说。像往常一样，大哭一场后，她感到空虚和轻松。外面，血橙色的太阳透过笼罩在群山上的薄雾洒落下来。"我甚至没有留下吃午饭。"

"那么糟糕啊？"

"这一点也不好笑。"

"很抱歉，我不该开玩笑。"

"这感觉真的太糟糕了，"伊迪说，"我希望那些混蛋能尽快被抓到，他们没有权利这么做。"

"不一定，"祖尔用一种怪异又沉闷的语调说，"我的意思是，虽然你父母的事听起来很可怕。但'感染'并不全是坏事。至少，战斗因此停止了。"

伊迪僵住了，"也许他们停止战斗是因为他们都变成了僵尸机器人。"

"我不认为是这样的。还有那个在海特区的无家可归的孩子，她在做非常棒的混合现实艺术。我从来没见过这样的艺术。"

伊迪从祖尔的怀抱中挣脱出来，还差点在球池中跌倒，她费了一番功夫才让自己坐稳。

"你认真的吗？你站在他们那边吗？"祖尔到底怎么了，虽然 TA 平日里就喜欢和我唱反调，可 TA 难道看不出现在不是时候吗？

"亲爱的姑娘，就像《指环王》中那句经典台词——我不站在任何人那一边，因为没有人真正站在我这一边。"祖尔轻蔑地说。夕阳映照在 TA 的脸上，黑色的金属耳环和无数的穿孔闪闪发光，看着这一幕的伊迪很难继续生 TA 的气。祖尔继续说："利他主义者们或许都很混蛋，但他们中确实有一批想当优秀的生物工程师。"

"请把这些话告诉我父母吧。"

"可是，"祖尔非常平静地说，"你父母到底出了什么问题？"

"我不想谈论这个。"

"疼痛的阈值变高，焦虑程度降低，创造力增加，而且无暇顾及社交细节？"
伊迪沉默着。

"你说过他们就像是换了个人，"祖尔说，"也许你说的是对的。但人本就是会变的。你最近和你父母相处了多久呢？你怎么知道他们的变化里，多少是病毒造成的，多少是生活赋予他们的呢？"

"上帝啊，"伊迪愤怒地说，她的胸口像有什么重物压着。她爬出了球池，继续说：

"我现在真的不需要这种安慰，祖尔，真的不需要。"

"我只是认为你应该公平地对待他们，仅此而已。"

"公平？这该死的生物恐怖分子扰乱大脑时，怎么不讲求公平了呢？"

"那生活的公平呢？这才是我想和你一起去看你父母的原因，我想去帮助你了解他们的生活。"

愤怒让伊迪觉得自己就像一颗冰冷的水晶，脆弱且冷漠。

"究竟是什么原因，"她用颤抖的声音问，"使你自认为能够成为帮助我父母的专家？"

"该死！"祖尔边按着他的太阳穴边解释道："是我的错，这一切的意思都搞错了。听着，伊迪，我知道愤怒很容易，你也可以假装他们已离世，可他们还活着不是吗？理解他们或许很难，但相信我，他们的内核肯定还是原来的样子。你只需要找到和现在的他们交流的方式就好了。"

"你怎么知道他们依旧是他们呢？"

祖尔深吸了一口气后缓缓说道："因为我被感染过，就在我们认识的几个月前。"

伊迪一脸茫然地看着他。

"还记得杰森（Jason）吗？"祖尔说，"'亮色'的那个创始人，你们之前见过一次。在公司起步之前，他花了很多时间在合成生物学领域。他并不是利他主义者，事实上，他已经达到了生物学中所描绘的自我实现的境界。有一天，他从一个未经审查的暗网上下载了利他主义病毒测试版的序列，并制造了一批病毒。我自愿作为第一批小白鼠。"

祖尔叹息道："我知道，这一行为看上去并不明智。但我当时的处境太糟糕了，我非常痛苦，所以急于改变这种状态。病毒在体内运行良好，尽管刚开始时，我感觉自己就像裹在羊毛里，隔绝了周围的一切，我会自动忽略那些惹我生气的人。但是伊迪，我还是我。"

"我花了一段时间才明白，也许真正的我就是勇敢的、强大的。这不是基因编辑的功劳，我本就有能力改变一切。后来，我真的改变了很多事情，包括姓名、搬到这里、遇见你。"

他伸出双手，向伊迪恳切地诉说着："那时，你陪我熬过了最艰难的时期，所以我想陪你去看你的父母，因为……如果我能帮你看到他们没事，那告诉你关于我的过去会更容易一些。"

"容易，"伊迪冷冷地说，"你说得对，你让一切都变得容易多了，晚安吧。"

"伊迪——"

伊迪不理祖尔，大步走回了自己的房间，锁上门，躺在了床上。她盯着天花板上那些古老的污渍，想找出其中的图案，就像她有时在入睡前会做的那样——花朵、动物、面孔。但现在它们只是黑色的印记，没有任何意义。

第五部分

过了一会儿，伊迪放弃了睡觉的念头，她的头因疲劳而嗡嗡作响。她有点口渴，但又担心去厨房喝水会碰到祖尔。

她不知所措地把枕头压在脸上，这种气氛真令人难以忍受。这件事之后，她和祖尔再也不可能了。明天一早就搬出去是眼下唯一的选择，先在附近找家旅馆，再去别的地方，反正离这儿越远越好。

她起床开了灯，双手颤抖着收拾行李，内心满是紧张和焦虑。最近，她常常和祖尔一同睡在更大的那间卧室，她日常穿着的衣服都在那里。但现在这个房间的衣柜里，还有两个装满了旧衣服和小摆件的大塑料盒子。

其中一个装满了母亲在她去斯坦福大学前为她准备的毛绒玩具，她一直没舍得扔掉。伊迪看着那个母亲亲手做的畸形的玩具牛，喉咙突然哽住了，于是立马合上了盒子。

另一个盒子里塞满了大学时的旧衣服、紧身的牛仔裤、俗气的有机棉 T 恤。伊迪没有太多的选择，她从中挑选了几件叠放在了床上。

盒子底部有一个小皮袋，上面有一根皮绳，可以像戴护身符一样把它挂在脖子上。这是伊迪上大学那天父亲送给她的。她拿起皮袋来，里面的东西窸窸窣窣作响。

父亲曾在一本关于古阿兹特克传统的书里看到这样的描述：添加了多种草本植物的护身符会保护一个即将踏上旅途的旅行者。在这个皮袋里，最重要的成分被称为"暗花"（tlilxochitl，阿兹特克语），这是一种长着黑色种子、淡黄色花朵的藤本植物。另外一种成分便是有点特别的香草兰。因为父亲错过了香草兰最佳的收获时间，它们已经在葡萄藤上成熟并风干了三个月，表面还覆盖了一层香草醛。

尽管距离遥远，父亲仍希望她能安全。

伊迪打开皮袋的拉绳，把它放到鼻子边，深嗅了一下。香草醛应该散发着醉人的芬芳，但一如既往，她只能闻到皮革和空气的味道。

伊迪 6 岁那年和父亲在温室里待了一个下午之后，她发现自己闻不到香草醛的气味，于是去找母亲询问了原因，她担心自己是否出了什么问题。

母亲让她在餐桌旁坐下，边画图边简单解释道："我和你父亲都携带了一种名为 HBB 的突变基因，而且都患有轻度贫血。当我们决定要孩子时，意识到这是一次可怕的掷骰子：他 / 她可能遗传其中一个突变，或者两个都遗传，又或者两个都不遗传。也就是说，我们的孩子有四分之一的概率会健康，二分之一的概率会患贫血，四分之一的概率会患地中海贫血。地中海贫血患者，他们的脾脏是正常人的 15 倍，下巴和牙齿会出现畸变，更可怕的是，他们可能只能活到 20 岁。"

伊迪的父母不想冒这个风险。他们去了墨西哥的一家试管婴儿诊所，那里有一种名为碱基编辑器的工具，这是一种分子机器，可任意改变 DNA 中的碱基对，从而修复生殖细胞系中的遗传性疾病。按照医生的解释，他们只需要改变一个"字母"。琼查阅了相关文献，她确信碱基编辑比她年轻时被媒体炒作的 CRISPR 更安全、更精准。

事情进展似乎很顺利。他们选择了合适的胚胎，完成了碱基编辑。诊所在检查编辑后的基因组对时，一切看起来也都很好——除了一处脱靶的基因。

他们在嗅觉感受器中检测到了香草醛。

伊迪放下了皮袋。虽然父母做决定时并没有征求她的意见，但即使他们没有选择健康的胚胎，而是选择了那个不仅贫血、还长着畸形牙齿的胚胎，她也无权责怪他们。可是，她有时会想，如果输血后，她才能品尝农场每年夏天的第一个冰激凌，她才能对父亲讲述香草兰故事时澎湃的激情感同身受，她能忍受几次呢？

她看着生活里堆积如山的事情，已经没有多余的力气生气了。

祖尔说的是对的。伊迪告诉自己，她之所以把父母拒之门外，是因为他们不理解她的新生活，彼此疏远是很正常的。也许真相并非如此。她只是害怕父亲和母亲不再像自己记忆中的那样爱自己，她企图通过拒绝交流这种方式去保存那些美好的记忆，就像保存在玻璃瓶中的香草兰豆荚一样。然而，她真正该明白的是，无论她变成什么样子，他们都会永远爱她。

当然，伊迪欠他们太多了。

祖尔曾说过，他们其实还是原来的样子，我只需要找到和他们交流的方式。

要做到这一点，也许她得再改变一次，哪怕只是一点点。

伊迪把护身符戴在脖子上、打开门、悄悄地走到了主卧室的门口。她抬手敲了敲门，紧张得心怦怦直跳。

祖尔开了门，他的眼神中混杂着伤痛和释然。

"对不起，"伊迪拉着祖尔的手说，"我不在乎你是否被感染，你已经成了我生命的一部分。不过你说得很对，你还是你。"

祖尔哽咽了一下，平静地说："谢谢你，伊迪。"

伊迪深呼吸后说："我知道这个要求有点过分，但我需要你帮两个忙。有没有办法让杰森和他的'亮色'用自定义编辑器制造出病毒？"

祖尔紧皱眉头，想了想说："他还欠着我人情呢，我当时可帮了'亮色'大忙了。另一个忙是什么？专为你开发一个全能的通用人工智能？"

伊迪摇了摇头。

"我非常希望，"她说，"你能和我一起去见我的父母。"

Illustration by Daniel Zender

第六部分

三个星期后，伊迪又回到了温特斯，雪诺依旧在门后狂吠。但这一次，她紧握着祖尔的手。

"这看起来真是一个适合成长的好地方，"祖尔说。他似乎有点紧张，还特意精心打扮了一番，穿着长裤、长靴和短款斗篷。

伊迪淡淡一笑。为了让身体对注射的病毒产生耐受，她接受了口服益生菌联合免疫抑制剂治疗，这给她带来了永久性胃痛的副作用。但今天，这并不重要。三月的太阳正温暖地照在她的背上，她感到从未有过的轻松。

琼打开了门，伊迪深吸一口气，她知道这次依旧能看到像外星人一样的神情。

"妈妈，"她说，"这是祖尔，我爱的人，一个非二元性别者。"

"您好，"祖尔的声音有点哽咽。

琼的脸上慢慢绽开了笑容。

"很高兴见到你，祖尔。"她说。

三个人在厨房喝茶后，祖尔俯身跟伊迪说："你去看看你父亲吧，这里有我呢。"

温室里的兰花盛开着，葡萄藤上也长满着淡黄色、白色、绿色的花朵，比父亲之前细心呵护的花朵还要绚丽。空气中飘散着淡淡的肉桂辛辣的味道。

父亲正在全神贯注地人工给花授粉，他先用一根细棍轻轻掀开花的一侧，然后用另一只手的拇指和食指把花粉囊和柱头挤压在一起。

"爸爸。"

他眉头紧皱着抬起头来，在长时间的沉默下，伊迪又想逃跑了。

这时，她拿起戴在脖子上的护身符，打开皮袋的拉绳，把它放到鼻子边，闻着在葡萄藤上风干的豆荚的味道。

"我真不知道该怎么样形容这个味道，"她说，"也许像蜂蜜和干草。又或者像咸口的奶油糖果。又或者是混合了多种花的味道。"

父亲看着她，深棕色的眼睛里充满着疑问。

"我修复好自己的基因了，"伊迪解释说，"虽然只是一个'字母'，但一切都不一样了。"她又闻了闻护身符里的香味，"这味道很柔和，有点像木头的气味，哦，还像旧书！"

"是木质素的味道，"父亲缓慢地说，"随着时间的推移，它会被氧化。"他眯着眼睛看着伊迪，"你没必要这么做。"

"我知道。但我想这么做。"

父亲低头看着手里的花，沉默了很久。有那么一瞬间，伊迪想知道他是否忘记了自己的存在。就在那时，父亲开始说话了。

他说："以前，我从未向你解释香草的味道，但对我来说这是最美好的记忆。"他的目光变得遥远，"29 年前，你妈妈和我从墨西哥的诊所回来的路途中，曾在国境线附近的一个加油站停留过。那天天气很热，加油站卖的冰淇淋只有香草这一种口味。我们坐在汽车的引擎盖上，吃着香草冰淇淋，知道自己很快就要到家了。而且你也在来的路上了。"

"无论如何，现在，你也可以制造属于自己的香草记忆了。"他边说边给另一朵花授粉。"我会的。你愿意帮我吗？"伊迪问道，"厨房里有个人，我希望你能见见他。"

新技术需要新仪式

New Technologies Demand New Rituals

新技术需要新仪式

乔尔·加罗（Joel Garreau），美国亚利桑那州立大学文化、价值观和新兴技术教授，著有《激进的进化论》（*Radical Evolution*），主要探讨增强技术的潜力和风险，以及它对人类的意义。

从前，杰伦·拉尼尔（Jaron Lanier）在驱车漫无目的地穿越新墨西哥州时，开始思考人生意义、社会礼仪和宗教仪式。

尽管拉尼尔在 20 世纪 80 年代是虚拟现实的先驱，但他一直更感兴趣的是寻找直接与人类连通的新途径，而不是依赖设备。所以他才会想起自己被一名牧师严厉谴责的时候。

拉尼尔回忆道，在一次有关胚胎干细胞的主题会议上，那名牧师站起来，对着小组成员严厉谴责："即使它只是培养皿上的一个小斑点，如果它是人类，它也应该得到尊严，而你们这些家伙正在夺走我们的尊严——你们只是一群拿着科技玩具的男孩。你们根本不懂生命。你们真丢人。"拉尼尔记得他是这么说的。

拉尼尔开始思考。"我转过身，"他回忆说，"然后说，'我们在乎的究竟是什么样的尊严？被授予的尊严？或者自己赢得的尊严？'

"我是犹太人。如果生命中有一件事是没有尊严的，那就是进入青春期。因为我们要举行犹太成人礼，这是一种很讨厌的仪式，不仅需要高昂的费用，还需要很多人参与。结果是什么你知道吗？它的确能给我们带来一点尊严，但这并不够。的确，这一仪式起到了一定作用，它创造了些许公众意识，提高了社区参与度，营造了一点责任感和自豪感，而你在其中得到了尊严。

"尊严是人们创造出来的必需品。所以我说，'你们这些宗教人士，与其只是坐在你的沙发上旁观并批评我们，你最应该做的是去弄清楚尊严究竟从何而来。我向你挑战，我不想在未来的 20 年里生活在一个没有仪式的世界里，去做干细胞研究……积极创造新文化。'"最重要的是不要把它留给科学家。

我喜欢拉尼尔的想法。这与我对人性的感知产生了共鸣。如果人类价值观将塑造我们的技术进化，并让人类这一物种占上风，我们将需要新的宗教仪式来纪念这一次超越，以表明我们正在认真对待它，并愿意为之承担责任。

宗教仪式的好处在于，它可以从个人和小团体开始，包括那些自称是精神上的。参与者可以掌控自己的未来，并邀请其他人站出来见证。在这些仪式中，参与者可以有意识地寻找模式并讲述故事——这些故事可能有助于掌控我们身上正发生的事情。

我们所知道的人类文明精神的发端被德国哲学家卡尔·雅斯贝尔斯（Karl Jaspers）称为轴心时代，这一时期催生了全新的超越方法。在公元前 800 年到公元前 200 年之间，人类的不同文明相互独立，并无多少关联，他们在努力解决深奥的宇宙问题。我们所有的主要宗教信仰都植根于这一时期。正如雅斯贝尔斯在 1949 年所写：

> 在中国生活着孔子和老子，中国哲学的所有派别都出现了，这里还有墨子、庄子等等，是百家争鸣的时代。在印度，这是《奥义书》和佛陀的时代，和中国一样，所有的哲学思潮，包括怀疑主义和唯物主义，诡辩和虚无主义，都发展起来了。在伊朗，查拉图斯特拉提出了他具有挑战性的概念，即宇宙过程是善与恶之间的斗争；在巴勒斯坦出现了先知：以利亚，以赛亚，耶利米，第二以赛亚；希腊产生了荷马，哲学家巴门尼德，赫拉克利特，柏拉图，悲剧作家修昔底德，阿基米德。所有这些名称所代表的巨大发展，都是在这几个世纪里独立地、几乎同时地在中国、印度和西方发生的。这个时代的新元素是，世界各地的人都开始意识到作为一个整体的存在，意识到自己和自己的局限。他经历了世界的恐怖和自己的无助。他提出了激进的问题，在他寻求解放和救赎的动力中接近了深渊。在意识到自己的极限时，他为自己设定了最高的目标。他在自我的深度和超越的清晰中体验了绝对。

凯伦·阿姆斯特朗（Karen Armstrong）是研究上帝和宗教的著名作家之一，她在谈到轴心时代时说："对精神上的突破的追求并不比我们自身对技术进步的追求更强烈和紧迫。实际上，这是一种认可。与其把你自己的传统看作是一种独特的、孤独的追求，它变成了人类行为的一部分，是对意义和价值的普遍探索的一部分。这就是人类在寻找终极意义时所经历的场景。"

宗教的概念伴随着人类文化。宗教是人类的需求，就像我们对艺术的需求 一样，就像我们对艺术的需求一样，不可能随着年龄的增长而消失。"人类无法忍受空虚和荒凉，"她写道，"他们将通过创造新的意义来填补空白。"

我们是否即将迎来一个新的轴心时代，一个有意义、可理解、清晰、连续性和统一的时代？上次我们经历了从生物进化到文化进化的转变，深刻地重述了世界是如何运作的。当我们从文化进化走向技术进化时，这样的事情还会发生吗？

在萧伯纳的戏剧《人与超人》中，唐璜与魔鬼争论为什么人类坚持寻找意义。

唐璜：……我的大脑是大自然努力理解自己的器官。……

魔鬼：知道有什么用呢？

唐璜：……能够选择最有利的路线，而不是向阻力最小的方向屈服。一艘船驶向它的目的地，难道不比一根木头漂流到那里更好吗？……这就是我们的不同之处：在地狱里漂流，在天堂里掌舵。

也许正是我们的宗教文化让我们可以选择做一个掌舵者。

然而事实并非如此。回顾我们首次将增强技术付诸实践的案例，比如整容手术、注射肉毒杆菌素、开具伟哥处方，甚至我们的膝关节置换手术和心脏起搏器植入手术，你会发现，尽管这些手术的数量每年都在激增，但我们仍旧羞于公开谈论。如果我们没有办法让它们变得有意义，难道我们要永远为正在跨越的这些界限感到羞愧吗？或者我们应该开始把这些仪式作为人类未来的重要组成部分？

想象一下，当和你手牵手的一年级小朋友已经长大到可以参加 SAT 考试（美国高考）时，会发生什么。到那时，市场上或许已经有多种方法，可以让她的分数提高 200 分或更多。这些方法也不再那么新奇和羞于谈论。比如，她吃的那些药，你会说，它们只是帮助她将天赋外显，就像维生素的功能一样，这与婴儿潮一代为了抵抗衰老而吞下的记忆药片没有什么不同。又或者，她身体会有附属物和植入物，你会说，所以她总是需要和谷歌连接。

真是了不得的想象！不过，这样更简单。没有了笔记本电脑，她巨大的背包不再那么沉重。既然如此，不如用这些该死的东西做点有用的事情，比如帮助她更快思考，也许还能帮她进入耶鲁大学。

我们能想象象征着一个年轻人完成认知进化的仪式的重要意义吗？自此，他们需要直接面对社会中所有关系网络了。当一个人终于被正式认可为足够成熟，那让我们通过一个仪式纪念一下又怎么样呢？当一个人第一次接受细胞年龄逆转检查时，我们是否也应该有一个象征永生的仪式呢？

这些仪式可能包含了未来的重要内容，以及往事的重要方面。他们会说：永远不要忘记过去的自己，永远尊重现在的自己，无论你走多远，你都是我们的一部分。他们可能会正式告诫你：行好事。他们可能意识到这是一场豪赌。我们无法探测到宇宙中其他的智慧，也许这是因为宇宙中的其他物种都经历了这场有关超越的考验，但都惨败了。这是非常严肃的事情，这可能是生命的终极大考。

这些仪式有什么好处吗？洗礼、婚礼和葬礼，赋予了出生、交配和死亡圣洁的光环，还有其他意义吗？我的经验告诉我，答案是肯定的。至少，对人们跨越阶级、性别、地区、种族和宗教障碍来说，它们是具有革命性的庆典。通过正式的纪念，和对决定性时刻的拥抱，我们团结在了一起。在这些场合里，在其他地方很少能实现的人际连接会经常发生。

如果我们今天比人类在地球上的任何一个短暂时期都要改变更多，意味着我们正在创造新的决定性时刻。也许我们应该正式纪念这些时刻。来吧，现在就纪念！如果这么做了，那就邀请我们认识的，来自各行各业，具备不同能力的人来参加这场仪式吧，多样的人性将会在这里交织。

它将创造远超人类自身拥有的幸福，它将继续在增强人际连接的道路上前进。

毕竟，能否实现终极超越还未可知，但却极有可能是终极大考的重点内容。

致 谢

在这本书的创作过程中，许多科学家、作家和艺术家全情投入，他们无私地分享了自己的见解，在此，对他们为进化中的人类未来所做出的贡献，我们深表感谢。

这本书的创作主题诞生于几次探讨"生物工程技术如何改变人类"的聚会。此后，胡安·恩里克斯（Juan Enriquez）和尼古拉斯·内格罗蓬特（Nicholas Negroponte）特意举办了主题晚宴，麻省理工学院媒体实验室举行的全球社区生物峰会为我们召开了非关键会议，特别鸣谢雨果·凯塞多（Hugo Caceido）、雷蒙德·麦考利（Raymond McCauley）、卢卡斯·波特（Lucas Potter）、胡安·巴勃罗·阿罗查（Juan Pablo Arocha）、吉·黑斯廷斯（JJ Hastings）、贝诺·华雷斯（Beno Juarez）、阿希克·乔杜里（Abhik Chowdhury）和埃利奥特·罗特（Elliot Roth）的重要贡献。非常感谢哈努·拉贾涅米（Hannu Rajaniemi）、苏珊娜·克雷乔娃-拉亚涅米（Zuzana Krejciova-Rajaniemi）、塞斯·班农（Seth Bannon）、罗德尼·布鲁克斯（Rodney Brooks）、劳拉·戴明（Laura Deming）、凯文·凯利（Kevin Kelly）、阿格涅斯卡·库朗（Agnieszka Kurant）、约翰·马蒂森（John Mattison）、拉米兹·纳姆（Ramez Naam）、梅根·帕尔默（Megan Palmer）、林恩·罗思柴尔德（Lynn Rothschild）、彼得·施瓦茨（Peter Schwartz）和克里斯蒂娜·斯莫尔克（Christina Smolke）的参加。

感谢安德鲁·赫塞尔（Andrew Hessel）对生物技术的可能性持坚定的乐观态度，并且提供了精准的判断。感谢卡伦·英格拉姆（Karen Ingram）和妮古拉·特威利（Nicola Twilley）提供了伟大而富有成效的建议。感谢戴维·贡（David Kong）告诉我们这场运动具有极高的全球化价值。非常荣幸能和我才华横溢的设计师朋友珍妮弗·莫尔拉（Jennifer Morla），以及她的同事——

设计风格流畅优雅的雷孟多·佩雷斯三世（Reymundo Perez III）合作。

感谢本书统筹劳拉·科克伦（Laura Cochrane），是她把人、图像、文字和碎片全部合理地安排在一起。感谢全程提供创意的尼克·沃基（Nick Vokey）。感谢文学档案中心的露西·帕克（Lucie Parker）与我们分享了有关图书众筹方面的经验。感谢麻省理工学院媒体实验室的埃米·布兰德（Amy Brand）对我们的帮助和鼓励。

当桑尼·贝茨（Sunny Bates）参与的时候，有什么项目不幸运呢？罗德里戈·马丁内斯（Rodrigo Martinez）、伊娅·哈利勒（Iya Khalil）、罗伯特·格林（Robert Green）、戴维·尤因·邓肯（David Ewing Duncan）、阿格涅斯卡·切霍维奇（Agnieszka Czechowicz）、萨莉·麦克纳尼（Sally McNagny）和神奇的先生部落一直是我们知识、灵感和伟大友谊的来源。

特别鸣谢路易斯·罗塞托（Louis Rossetto）提供了让这一切发生的空间，感谢他和我们的孩子——奥森·罗塞托（Orson Rossetto）和佐薇·梅特卡夫（Zoe Metcalfe），他们提供了敏锐的观察和永不停止的支持。我们相信，他们这一代终将开发出卓越的技术，并就如何部署它们做出明智的决定。

布赖恩对格蕾琴·希夫纳（Gretchen Heefner）、埃莉诺（Eleanor）和欧文·伯格斯坦（Owen Bergstein）深表感激。愿他们永远是勇敢、有好奇心的探险家。

Illustration by Morla Design